Enos Kiremire

Prosta teoria graficzna klastrów Zintl i Matryoshka

AF548007

Enos Kiremire

Prosta teoria graficzna klastrów Zintl i Matryoshka

Wydawnictwo Bezkresy Wiedzy

Imprint
Any brand names and product names mentioned in this book are subject to trademark, brand or patent protection and are trademarks or registered trademarks of their respective holders. The use of brand names, product names, common names, trade names, product descriptions etc. even without a particular marking in this work is in no way to be construed to mean that such names may be regarded as unrestricted in respect of trademark and brand protection legislation and could thus be used by anyone.

Cover image: www.ingimage.com

This book is a translation from the original published under ISBN 978-613-9-44646-9.

Publisher:
Wydawnictwo Bezkresy Wiedzy
is a trademark of
Dodo Books Indian Ocean Ltd., member of the OmniScriptum S.R.L Publishing group
str. A.Russo 15, of. 61, Chisinau-2068, Republic of Moldova Europe
Printed at: see last page
ISBN: 978-620-0-54727-9

Copyright © Enos Kiremire
Copyright © 2020 Dodo Books Indian Ocean Ltd., member of the OmniScriptum S.R.L Publishing group

Prosta teoria graficzna klastrów Zintl i Matryoshka

Spis treści

ABSTRACT

Metoda kategoryzacji klastrów serii 4N rozwinęła się na przestrzeni kilku lat do poziomu, na którym jej zastosowanie jest płynne, łatwe, szybkie i dokładne. Wszystkie trzy podstawowe równania przyrodnicze wyprowadzone z serii do obliczania elektronów walencyjnych klastra są dokładne. Każdy klaster jest łatwo skategoryzowany zgodnie z jego indeksem jądrowości [Mx]. Wzór ograniczający Kp =CyC[Mx] działa dobrze dla wszystkich klastrów. Gdy y≥0, oznacza to, że klaster posiada element(-y) szkieletowy(-e) przymocowany(-e) do zamkniętej jednostki jądrowej [Mx]. Z drugiej strony, gdy y<0, oznacza to, że w klastrze brakuje jednego lub więcej elementów do osiągnięcia stanu zamknięcia [Mx]. W artykule podkreślono rozwój metody do poziomu generowania liczb szkieletowych dla jednego lub więcej nagich i/lub zmodyfikowanych elementów szkieletowych dla głównych grup i metali przejściowych. W związku z tym, że metoda ta jest jak dotąd na najwyższym poziomie zaawansowania, została ona zastosowana do analizy wielu rodzajów klastrów, w tym tych, które były analizowane wcześniej metodą mniej zaawansowaną, oraz ich izomerycznych struktur graficznych. Obliczono liczby szkieletowe wielu fragmentów jednoszkieletowych i podzielono je na serie klastrów, S= 4n+q.

SŁOWA KLUCZOWE: *Nagi element, klaster, struktura graficzna, izomeryczna, indeks zarodkowości, indeks górny, kategoryzacja, równanie naturalne, walencja, węzeł, wierzchołek, stopień połączalności, teoria grafu*

WPROWADZENIE

Numery STYX zostały wprowadzone przez Lipscomb, aby wyjaśnić wielościanowe struktury boranów (Lipscomb, 1963;1976; Islam, 2016; Fox & Wade, 2003;)**. W rzeczywistości, dzięki tej pracy stwierdzono ostatnio, że liczby te są związane z parametrem K(n) poprzez formułę K = S+2T+Y. Na przykład, B_2H_6[STYX=2002; K =2,S+2T+Y =2+2(0)+0=2], B4H10[STYX=4012;K =5,S+2T+Y =4+2(0)+1 =5],B5H9[STYX=4120; K=8;S+2Y+T=4+2(1)+2=8],B5H11[STYX=3203; K=7,S+2T+Y =3+2(2)+0=7],B6H10[STYX =4220, K=10, S+2T+Y =4+2(2)+2=10],i B10H14[STYX= 4620; K=18, S+2T+Y =4+2(6)+2=18]. Następnie zastosowano zasady Wade-Mingos (Scharfe i Fässler, 2010; Scharfe i in., 2011; Sevov i Goicoechea, 2006; Shen i in., 2017) do analizy i kategoryzacji wielościanów boranów, karboranów, metaloborowarów i karbonów metali przejściowych oraz klastrów jonów Zintl (Housecroft i Sharpe, 2005). Zastosowano również szereg innych metod (Jensen, 1978; Walia, 2005). Ponadto Rudolph odkrył, że wielościanowy charakter klastrów boranowych jest wzajemnie powiązany (Rudolph, 1976). Dalsze badania wykazały, że łączność (powiązania) w punktach jest bardzo ważna (Felner &Halet, 2007; Draghicescu, 2017; Tsoo&Jin, 2017; Hoffmann &Lipscomb, 1962). Izolobalna koncepcja Hoffmanna ujawniła wzajemne powiązania w obrębie różnych fragmentów szkieletu (Hoffmann, 1982). Niektóre z tych klastrów uznano za "łamiące zasady" (Felner &Halet, 2007). W ostatnich pracach stwierdzono, że ogólnie rzecz biorąc, fragmenty, molekuły i skupiska z grupy głównej i metali przejściowych mogą być łatwo analizowane przy użyciu metody serii 4n z jego pochodnych liczb szkieletowych i ich wartości (Kiremire, 2018a,2018b, 2018c). Przed odkryciem liczb szkieletowych klastry jonów Zintl zostały skategoryzowane metodą serii 4n (Kiremire, 2016a). Celem pracy jest analiza klastrów jonów Zintl na podstawie liczb szkieletowych i ich walencji z korelacją z innymi typami klastrów. Łączność w koncepcji wierzchołkowej, jak również izolobalnej, będzie omawiana w kategoriach wartości K i wartości V=2K.

WYNIKI I DYSKUSJA

1. OPRACOWANIE METODY SZEREGOWEJ I LICZB SZKIELETOWYCH DO ANALIZY KLASTRÓW.

Aby zrozumieć tę metodę, należy krótko omówić sposób jej opracowania (Kiremire,2016b, 2016c, 2016d). Zilustrujmy to, rozważając prosty układ składający się z dwóch elementów szkieletowych: C2 reprezentującego główne elementy grupy oraz $Fe2(CO)_6$ reprezentującego metalowe klastry przejściowe. Chociaż proste równania, które należy opracować, opierają się na 2 elementach szkieletowych, udowodniono, że mają one zastosowanie do molekuł i skupisk składających się z setek elementów szkieletowych (Kiremire,2017a).

E2 ELEMENTY SZKIELETOWE I ICH NUMERY SZKIELETOWE

A. C2 (2, 8)

Ve=S=4n+0(n=2); Ve = elektrony walencyjne

K =2n-0 =2(2)-0 = 4(n=2); K = liczba szkieletowa

K(n) = 4(2)

Kp =C1C[M1]

1. Ve = 8n-2K; n=2, K =4,

 = 8(2)-2(4)=16-8 = 8

2. Ve = 4n+0 = 4(2)+0 =8

3. Ve = 4+2x+2(n-1), x =1 ze wzoru na ograniczenie, n =2

 =4+2(1)+2(2-1) =4+2+2 =8

B. C2H2(2,10)

Ve=S=4n+2(n=2)=4(2)+2= 10

K =2n-1(n=2) =2(2)-1= 3

K(n) = 3(2)

Kp = C0C[M2]

1. Ve =8n-2K(n=2, K =3), Ve =8(2)-2(3)=16-6 =10

2. Ve =4n+2 =10(n=2)

3. Ve = 4+2x+2(n-1), x=2, n=2; Ve=4+2(2)+2(2-1) =4+4+2=10

C. C2H4(2,12)

BY Przypisując wartość K=2 do [C] i -0,5 do [H], możemy również uzyskać wartości K

z węglowodorów. W tym przypadku, K =2[2]-4[0.5] =4-2 =2

K(n) = 2(2)

S =4n+4

K =2n-2

Kp = C-1C[M3]

1. Ve =8n-2K(n=2, K=2), Ve =8(2)-2(2) =16-4 =12
2. Ve =4n+4 = 4(2)+4 =12
3. Ve =4+2x+2(n-1); x =3, ze wzoru na ograniczenie, n =2, Ve =4+2(3)+2(2-1)=4+6+2=12

D. C2H6(2,14): K =2[2]-6(0.5) =4-3 =1, K(n) =1(2), S=4n+6, K =2n-3, Kp = C-2C[M4];

1. Ve = 8n-2K(n=2, K=1); Ve = 8(2)-2(1)=16-2=14
2. Ve= 4n+6 =4(2)+6 =14;
3. Ve =4+2x+2(n-1), x=4, n=2, Ve =4+2(4)+2(2-1) = 4+8+2 =14

Klaster szkieletowy C2 może mieć następującą serię K(n): 4(2), 3(2), 2(2), 2(1) i 0(2).K(n) =0(2) reprezentuje rozpad 2 elementów szkieletowych na 2 cząsteczki CH4, gdy atomy H są stosowane jako ligandy.

A. Fe2(CO)$_{6}$:[Fe(K=5, CO(K= -1)]; Później zostanie pokazane, że numer szkieletu dla Fe wynosi 5, a dla ligandu CO wynosi -1. Użycie numerów szkieletowych zostanie wyjaśnione później.

K =2[5]-6(1) =4, n=2, K(n) =4(2), S =4n+0, K =2n-0, Kp = C1C[M1];

1. Ve = 18n-2K(n=2, K=4), Ve = 18(2)-2(4)=36-8 = 28
2. Ve =14n+0 =14(2)+0 = 28
3. Ve =14+2x+12(n-1); x =1, n=2; Ve = 14+2(1)+12(2-1) = 14+2+12 =28

B. Fe2(CO)$_{7}$:[Fe(K=5, CO(K= -1)]

K=2[5]-7(1)=3, n =2, K(n) =3(2), S =4n+2, K=2n-1 , Kp = C0C[M2];

1. Ve =18n-2K(n=2, K =3), Ve = 18(2)-2(3) = 36-6 =30
2. Ve = 14n+2 = 14(2)+2 = 30
3. Ve =14+2x+12(n-1); x=2, n=2,Ve=14+2(2)+12(2-1) = 14+4+12=30

C. Fe2$(CO)_8$:[Fe(K=5, CO(K= -1)]

K =2[5]-8(1)=2, K(n)=2(2), S =4n+4, K =2n-2, Kp = C-1C[M3];

1. Ve =18n-2K(n=2, K=2), Ve =18(2)-2(2) =36-4 =32
2. Ve=14n+4 = 14(2)+4 =32
3. Ve = 14+2x+12(n-1), x=3, n=2; Ve= 14+2(3)+12(2-1) =14+2(3)+12(2-1)=14+6+12=32

D. Fe2$(CO)_9$:[Fe(K=5, CO(K= -1)]

K=2[5]-9[1] =1, K(n) =1(2), S= 4n+6, K =2n-3, Kp = C-2C[M4];

1. Ve =18n-2K =18(2)-2(1)=36-2=34
2. Ve= 14n+6 =14(2)+6 =34
3. Ve = 14+2x+12(n-1)= 14+2(4)+12(2-1) =14+8+12=34

2.2 PODSTAWOWE RÓWNANIA NATURALNE DLA ELEMENTÓW SZKIELETOWYCH I ELEKTRONÓW WALENCYJNYCH KLASTRA: GŁÓWNE ELEMENTY GRUPY

i. S =4n+q

ii. K =2n- ½ q; parametr K(n)

iii. Kp = CyC[Mx], wzór na ograniczenie, x= liczba elementów jądrowych, y= liczba ograniczających elementów szkieletowych; y+x =n

iv. Ve = 8n-2K

v. Ve = 4n+q

vi. Ve = 4+2x+2(n-1)

METALE PRZEJŚCIOWE

Ważne formuły

i. S=4n+q

ii. K=2n- ½ q; K(n)

iii. Kp = CyC[Mx]; y+x =n

iv. Ve =18n-2K

v. Ve=14n+q

vi. Ve =14+2x+12(n-1)

Schemat 1

2.3 ELEMENTY SZKIELETOWE W BASENIE Z ELEKTRONAMI

Z powyższych przykładów wynika dość jasno, że metoda szeregowa koncentruje się na sumie elektronów walencyjnych elementów szkieletowych i ligandów dawcy. Stąd też cząsteczki C2(2,8), C2H2(2,10), C2H4(2,12) i C2H6(2,14)[pierwsza liczba reprezentuje liczbę rozpatrywanych szkieletów, druga - sumę elektronów walencyjnych] pokazują ten punkt. Dla tych prostych molekuł liczba elementów szkieletowych i elektronów walencyjnych jest połączona za pomocą wzorów szeregowych Ve=S =4n+0; 4n+2; 4n+4; oraz 4n+6(n=2). Ogólny wzór dla serii może być wyrażony jako S = 4n+q, [4n można uznać za podstawę serii, a q jest wyznacznikiem typu serii. Liczba wiązań chemicznych CARBON-CARBON (wiązania szkieletowe) jest podana przez K =2n- ½ q. W przypadku, C2, Ve =S =4n+0 , K =2n-0= 4(n=2);C2H2, Ve= S= 4n+2, K= 2n-1=3(n=2); C2H4, Ve= S= 4n+4, K=2n-2=2(n=2);C2H6, Ve=S=4n+6, K=2n-3=1(n=2). Wartości te odpowiadają poczwórnemu, dla C2, potrójnemu wiązaniu dla C2H2, podwójnemu wiązaniu dla C2H4 i pojedynczemu wiązaniu dla C2H6. Ogólny wzór na liczbę połączeń węgiel - węgiel sformułowany jako K = 2n- ½ q jest rzeczywiście dość autentyczny (Kiremire, 2017b) . To samo możemy zrobić dla kompleksów $Fe2(CO)_6$[2, 28], $Fe2(CO)_7$[2,30], $Fe2(CO)_8$[2,32] i $Fe2(CO)_9$[2,34]. W przypadku kompleksów metali przejściowych stwierdzono, że bardziej odpowiednimi równaniami szeregów są S =14n+0; 14n+2; 14n+4; 14n+6, a ogólny wzór szeregów wynosi S=14n+q. Jednakże wzór równoległy dla połączeń z metalami przejściowymi, jest podany przez K = 2n- ½ q tak samo jak elementy grupy głównej. Również dla kategoryzacji wszystkich klastrów przyjęto prostsze równanie S =4n+q (Kiremire, 2017c, 2018b).

Ponieważ metoda szeregowa koncentruje się tylko na elementach szkieletowych i otaczających je elektronach walencyjnych klastra, możemy myśleć o nich jako o pływakach w basenie elektronów walencyjnych klastra. Zachowując C2 i Fe2 jako nasze referencyjne elementy szkieletowe reprezentujące odpowiednio grupę główną i elementy przejściowe, możemy skonstruować proces wskazany w Schemacie 2. Ujawniony izolobalny typ związku elektronów walencyjnych pomiędzy główną grupą a pierwiastkami metali przejściowych jest również przedstawiony na schemacie 4. Chociaż zależność ta była omawiana w poprzednich pracach (Kiremire, 2017a), to jednak jest ona tutaj powtarzana, gdyż wielu czytelników nie zetknęło się jeszcze z metodą analizy klastrów serii 4n. Dzięki pracy szeregów kluczy pojawiły się trzy podstawowe równania, które odnoszą elektrony walencyjne do liczby elementów szkieletowych. Dla metali przejściowych są to: wzór na serię, Ve = 14n+q, wzór na K(N), Ve = 18n-2K oraz wzór na ograniczenie, Ve = 14+2x+12(n-1), gdzie x pochodzi od symbolu ograniczenia Kp = CyC[Mx];y+x= n. Odpowiednimi równaniami dla głównych elementów grupy są: Ve =4n+q, Ve=8n-2K, i Ve=4+2x+2(n-1). Równania te są wyróżnione na schematach 5 i 6.

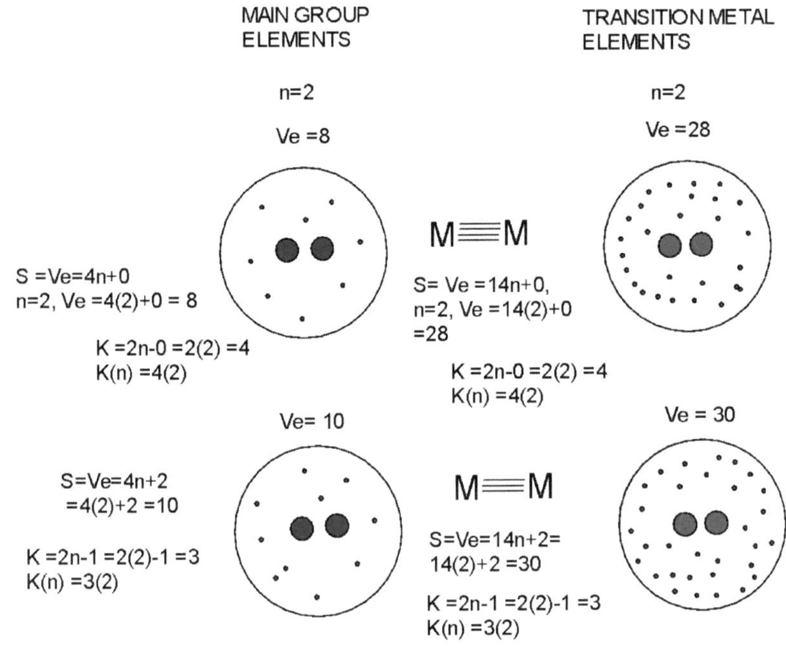
MAIN GROUP ELEMENTS
TRANSITION METAL ELEMENTS
n=2
Ve =8
n=2
Ve =28
M≡M
S =Ve=4n+0
n=2, Ve =4(2)+0 = 8
K =2n-0 =2(2) =4
K(n) =4(2)
S= Ve =14n+0,
n=2, Ve =14(2)+0
=28
K =2n-0 =2(2) =4
K(n) =4(2)
Ve= 10
Ve = 30
S=Ve=4n+2
=4(2)+2 =10
K =2n-1 =2(2)-1 =3
K(n) =3(2)
M≡M
S=Ve=14n+2=
14(2)+2 =30
K =2n-1 =2(2)-1 =3
K(n) =3(2)

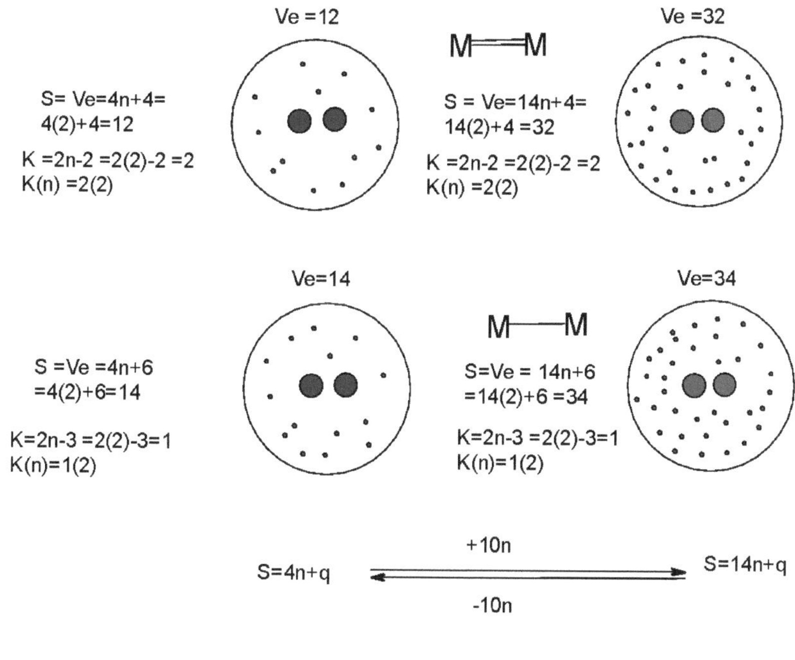
Ve =12
M═══M
Ve =32
S= Ve=4n+4=
4(2)+4=12
K =2n-2 =2(2)-2 =2
K(n) =2(2)
S = Ve=14n+4=
14(2)+4 =32
K =2n-2 =2(2)-2 =2
K(n) =2(2)
Ve=14
M——M
Ve=34
S =Ve =4n+6
=4(2)+6=14
K=2n-3 =2(2)-3=1
K(n)=1(2)
S=Ve = 14n+6
=14(2)+6 =34
K=2n-3 =2(2)-3=1
K(n)=1(2)
+10n
S=4n+q
S=14n+q
-10n

Schemat 2

MAIN GROUP ELEMENTS

n=6

Ve =26

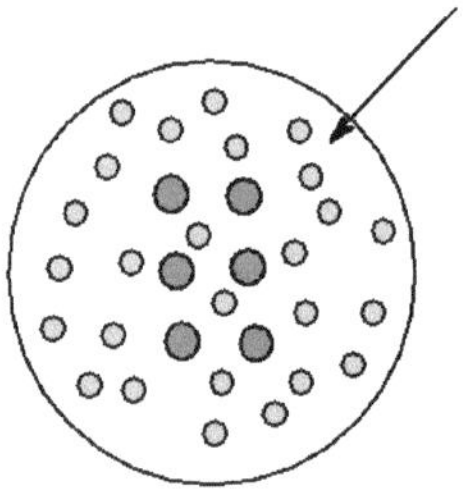

SOME OF THE ELECTRONS

S =Ve= 4n+2
=4(6)+2 =26
K =2n-1 = 2(6)-1 =11
K(n) =11(6)

K=11

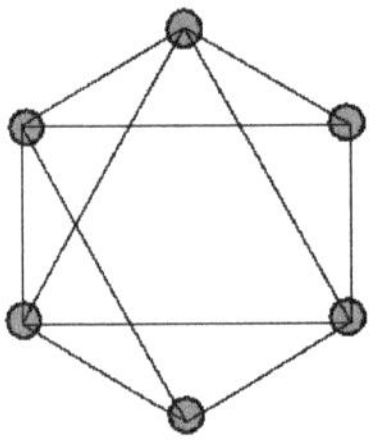

Ideal O_h symmetry

TRANSITION METAL ELEMENTS

n=6

Ve =86

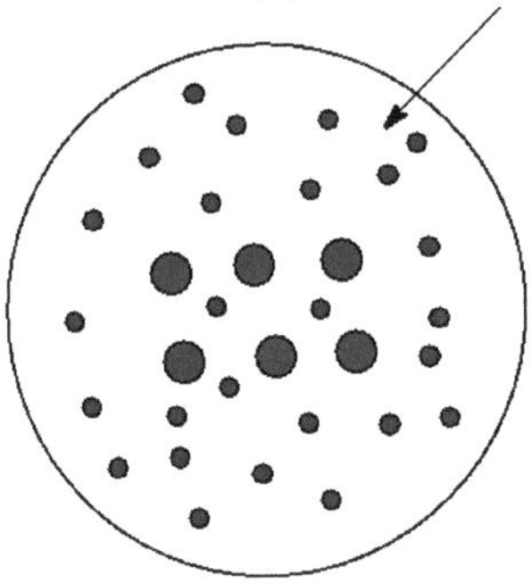

SOME OF THE ELECTRONS

S =Ve= 14n+2
=14(6)+2 =86
K =2n-1 = 2(6)-1 =11
K(n) =11(6)

K=11

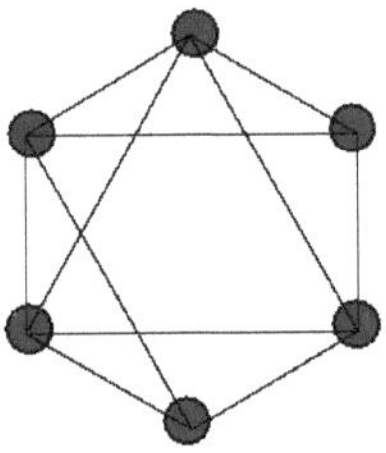

Ideal O_h symmetry

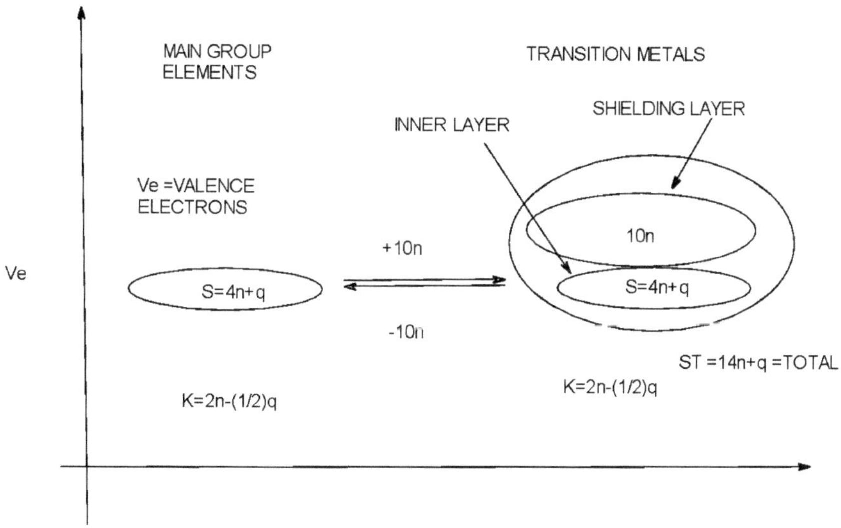
MAIN GROUP
ELEMENTS
TRANSITION METALS
SHIELDING LAYER
INNER LAYER
Ve =VALENCE
ELECTRONS
10n
+10n
Ve
S=4n+q
S=4n+q
-10n
ST =14n+q =TOTAL
K=2n-(1/2)q
K=2n-(1/2)q

Schemat 4

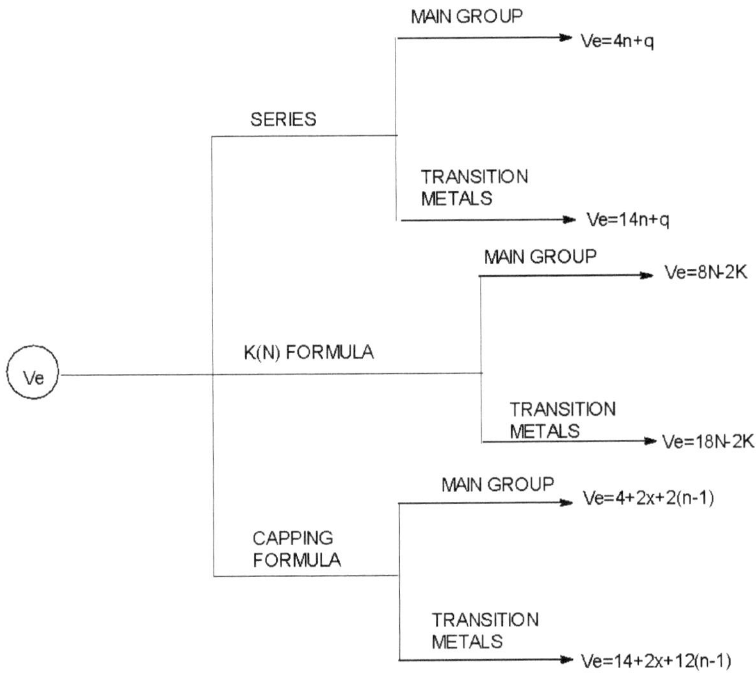

Fundamental equations of Cluster Valence Electrons

FUNDAMENTAL NATURAL EQUATION OF VALENCE ELECTRONS OF NAKED AND MODIFIED SKELETAL ELEMENTS

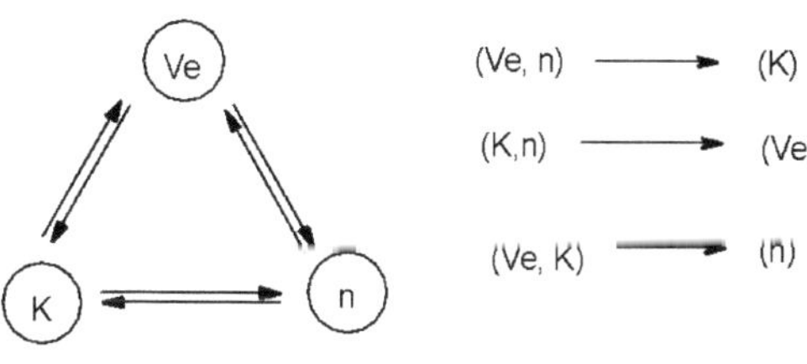

Ve =8n-2K (MAIN GROUP ELEMENTS)
Ve=18n-2K (TRANSITION METALS)
Ve= VALENCE ELECTRONS
n = NUMBER OF SKELETAL ELEMENTS
K=SKELETAL NUMBER

THE TWO EQUATIONS ARE SIMPLY DERIVED FROM THE SERIES FORMULAS AS FOLLOWS:

S =Ve = 4n+q, K=2n-q/2 MAIN GROUP
q/2 =[2n-K],
q =2[2n-K]
S=Ve=4n+q = 4n+2[2n-K] =8n-2K

S =Ve=14n+q(TRANSITION METALS)
Ve =14n+2[2n-K] =18n-2K

Jak widać z równań, Ve =8n-2K i Ve =18n-2K, jeżeli znane są dwie zmienne, to można obliczyć trzecią zmienną. Równania te sprawdzają się bardzo dobrze zarówno w przypadku nagich i zmodyfikowanych elementów szkieletowych, jak i wszystkich klastrów pochodzących z grupy głównej i elementów z metali przejściowych. Rozważmy liczby szkieletowe pochodzące od nagiego elementu szkieletowego Fe {[Ar]4s23d6} przy użyciu podstawowego równania naturalnego Ve =18n-2K. Wyniki przedstawiono w tabeli 1 i schemacie 8. **Te trzy równania, które** zostały wyprowadzone empirycznie, są wzajemnie powiązane. Są to S=Ve =4n+q; K= 2n- ½ q; oraz Ve= 8n-2K dla głównych elementów grupy. Elementy przejściowe mają podobną zależność, ale przy użyciu S=Ve=14n+q.

2.4 ZASTOSOWANIE PODSTAWOWEGO RÓWNANIA NATURALNEGO DO WYPROWADZENIA LICZBY SZKIELETOWYCH ELEMENTÓW SZKIELETOWYCH

Podstawowym równaniem naturalnym jest Ve = 8n-2K dla głównych elementów grupy i Ve = 18n-2K dla metali przejściowych. Liczba [8] dla pierwiastków grupy głównej i [18] dla metali przejściowych oznacza ukryte zasady 8 i 18 reguł elektronowych odpowiednio dla metali grupy głównej i metali przejściowych. Wizualną reprezentację szkieletowych elektronów walencyjnych oraz wyprowadzone wartości K fragmentów (zmodyfikowanych elementów szkieletowych) pokazano na schematach 7, 8 i 9, a liczbę szkieletową fragmentów wyprowadzonych z nagiego elementu Fe pokazano w tabelach 1-8. Fragmenty szkieletu można grupować według ich wartości K. Dobry zbiór elementów szkieletowych skategoryzowanych według ich wartości K podano w tabeli 9. Wszystkie elementy szkieletowe o tych samych wartościach K mogą być traktowane jako zgodne z zasadą izolacji globalnej (Hoffman, 1982). Wybrane przykłady obejmują:

K=2.5: Cr(CO)3-⟺ B⟺ Rh(CO)2⟺ C+⟺ FeCp ⟺ AuL ⟺ N2+; K=2: C⟺ BH ⟺ RhCp ⟺ $Os(CO)_3$ ⟺ $Mo(CO)_4$ ⟺ Bi+; K =1.5: P ⟺ $Co(CO)_3$ ⟺ CH ⟺ Sn- ⟺ $Mo(CO)_{2Cp}$ ⟺ Tl2- ⟺ Te2+ ⟺ Mn(CO)4; K=1: Se ⟺ $Fe(CO)_4$ ⟺ Sn2- ⟺ TiCp ⟺ BH3; K =0.5: Cl ⟺ CR3 ⟺ OR ⟺ $Mn(CO)_5$ ⟺ NR2 ⟺ $Ir(CO)_4$; K =0: Ne ⟺ C4- ⟺ NR3 ⟺ $Ni(CO)_4$ ⟺ $Fe(CO)_5$ ⟺ OsH64- ⟺ NiH44-.

2.5 ELEMENTY SZKIELETOWE NAGIE I CHEMICZNIE ZMODYFIKOWANE

Istnieje duża liczba fragmentów szkieletu i ich liczby szkieletowe pochodzą od nagiego elementu szkieletowego (Fe) i są one przedstawione w tabeli 1. Proponuje się, aby oryginalny neutralny element szkieletowy [Fe] traktować jako NAKED SKELETAL ELEMENT, a pozostałe fragmenty jako CHEMICZNIE ZMODYFIKOWANE ELEMENTY SKELETOWE lub po prostu, zmodyfikowane elementy szkieletowe. Korzystając z podstawowego równania naturalnego, liczby szkieletowe są łatwo obliczane dla klastrów jedno- i wieloszkieletowych, jak pokazano w tabelach 1, 2, 5, 6, 7 i 8 oraz zestawione w tabelach 3 i 4. Tabele ilustrują również fakt, że istnieje wiele sposobów na generowanie zmodyfikowanych elementów szkieletowych. Każdy element szkieletowy z ligandem, takim jak H, R, CO, PPh3, NR3 i tak dalej lub z ładunkiem ujemnym lub dodatnim może być sklasyfikowany jako ZMODYFIKOWANY ELEMENT SKELETOWY, ponieważ jego WARTOŚĆ będzie różniła się od wartości ELEMENTU SKELETOWEGO NAKAZANEGO. Przykłady nagich elementów szkieletowych obejmują wszystkie główne elementy grupy i elementy przejściowe. Nagi szkielet obejmuje, C(K=2), B(K=2.5), Os(K=5), Co(K=4.5), Ru(K=5),i Au(K=3.5).Zmodyfikowane elementy szkieletowe obejmują, CH(K=1.5), BH(K=2), CH2(K=1), BH2(K=1.5), [Os(CO)$_3$(K=2)], [Co(CO)$_3$(K=1.5)], RuCp(K=2.5), AuPPh3 (K=2.5), C+(K=2.5), C2+(K=3),P+(K=2), Pb-(K=1.5), Fe2-(K=4)i tak dalej. W związku z tym w tabeli 1 zmieniono wszystkie elementy z wyjątkiem Fe, natomiast w tabeli 2 wszystkie elementy zostały zmienione. Z drugiej strony, tabele 3 i 4 posiadają tylko nagie elementy szkieletowe.

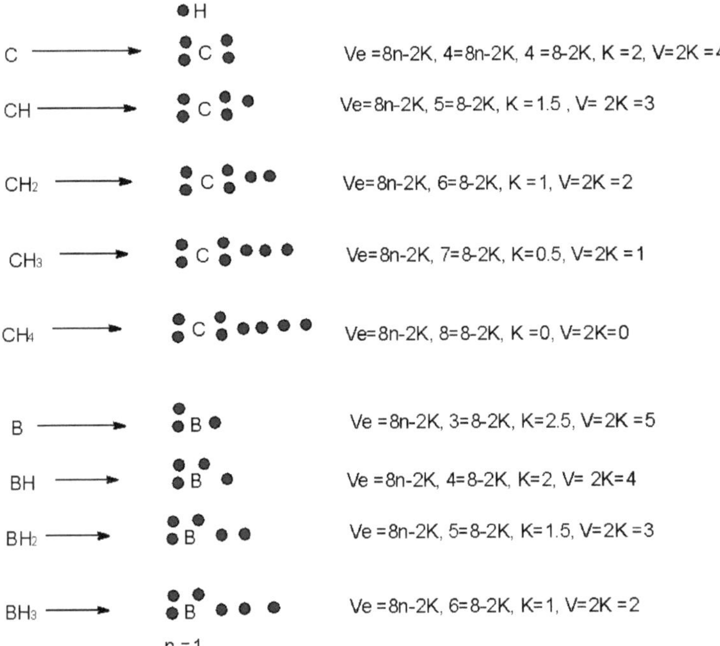

In these examples, V can be regarded as the number of H ligands or electrons required to enable the skeletal element attain an 8 electron configuration.

An illustration of how the series method views the cluster valence electrons for main group elements

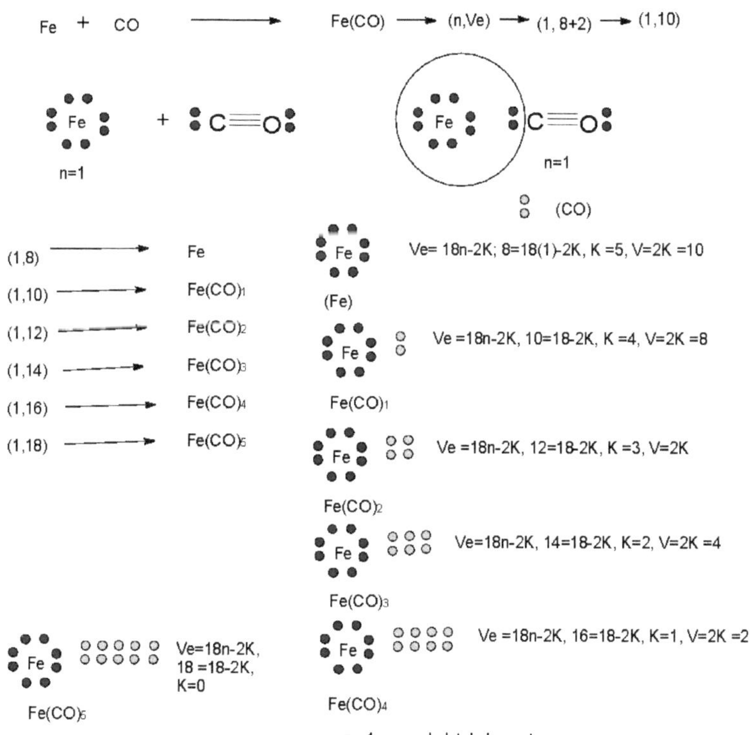

V = the number of electrons required from donor ligands to allow the skeletal element attain an 18 electron configuration.

A simple representation of what the series method sees as cluster valence electrons for transition metals

	n	Ve	K= ½ [18n-Ve]	K	K(n)	S=4 n+q
Fe	1	8	K = ½ [18(1)-8] =5	5	5(1)	
$Fe(:CO)_1$	1	8+2 =10	K = ½ [18(1)-10] =4	5-1=4	4(1)	
$Fe(:CO)_2$	1	8+4=12	K = ½ [18(1)-12] =3	5-2=3	3(1)	
$Fe(:CO)_3$	1	8+6=14	K = ½ [18(1)-14] =2	5-3=2	2(1)	
$Fe(:CO)_4$	1	8+8=16	K = ½ [18(1)-16] =1	5-4=1	1(1)	
$Fe(:CO)_5$	1	8+10=18	K = ½ [18(1)-18] =0	5-5=0	0(1)	
Fe2+	1	6	K = ½ [18(1)-6] =6	5+1=6	6(1)	
Fe4+	1	4	K = ½ [18(1)-4] =7	5+2=7		
Fe6+	1	2	K = ½ [18(1)-2] =8	5+3=8		
Fe8+	1	0	K = ½ [18(1)-0] =9	5+4=9		
Fe2-	1	8+2=10	K = ½ [18(1)-10] =4	5-1=4		
Fe4-	1	8+4=12	K = ½ [18(1)-12] =3	5-2=3		
Fe6-	1	8+6=14	K = ½ [18(1)-14] =2	5-3=2		
Fe8-	1	8+8=16	K = ½ [18(1)-16] =1	5-4=1		

$Fe^{!0-}$	1	8+10=18	K = ½ [18(1)-18] =0	5-5=0		
Fe(-H)	1	8+1=9	K = ½ [18(1)-9] =4.5	5-0.5=4.5		
$Fe(-H)_2$	1	8+2=10	K = ½ [18(1)-10] =4	5-1=4		
$Fe(-H)_3$	1	8+3=11	K = ½ [18(1)-11] =3.5	5-1.5=3.5		
$Fe(-H)_4$	1	8+4=12	K = ½ [18(1)-12] =3	5-2=3		

Fe(-H)$_5$	1	8+5=13	K = ½ [18 (1) - 13] =2.5	5-2.5 =2.5	
Fe(-H)$_6$	1	8+6=14	K = ½ [18 (1) - 14] =2	5-3=2	
Fe(-H)$_7$	1	8+7=15	K = ½ [18 (1) - 15] =1.5	5-3.5 =1.5	
Fe(-H)$_8$	1	8+8=16	K = ½ [18 (1) - 16] =1	5-4=1	

Fe(-H)9	1	8+9=17	K = ½ [18 (1) - 17] =0.5	5-4.5 =0.5	
Fe(-H)10	1	8+10 =18	K = ½ [18 (1) - 18] =0	5-5=0	
Fe(-R)	1	8+1=9	K = ½ [18 (1) -9] =4.5	5-0.5 =4.5	
Fe[C2H4(2e)]	1	8+2=10	K = ½ [18 (1) - 10] =4	5-1=4	
Fe(R)(CO)	1	8+1+2=11	K = ½	5-1.5	

			[18(1)-11]=3.5	=3.5	
Fe[C4H4(4e)]	1	8+4=12	K = ½ [18(1)-12]=3	5-2=3	
Fe[C5H5(5e)]	1	8+5=13	K = ½ [18(1)-13]=2.5	5-2.5=2.5	
Fe[C6H6(6e)]	1	8+6=14	K = ½ [18(1)-14]=2	5-3=2	
Fe[(C5H5)$_2$(10e)]	1	8+10=18	K = ½ [18	5-5=0	

GRUPA	ELEMENTY NAKAZANE	Ve	n	Ve = 8n-2K	2K =8n-Ve	K	K(n)	V =2K
						(1)-18]=0		
1	Li, Na, K, Rb, Cs, fr.	1	1	1=8(1)-2K	8-1=7	3.5	3.5(1)	7
2	Be, Mg, Ca, Sr, Ba, Ra	2	1	2=8(1)-2K	8-2=6	3	3(1)	6
3	B, Al, Ga, In, Tl	3	1	3=8(1)-2K	8-3–5	2.5	2.5(1)	5
4	C, Si, Ge, Sn, Pb	4	1	4=8(1)2K	8-4=4	2	2(1)	4
5	N, P, As, Sb, Bi	5	1	5=8(1	8-5=3	1.5	1.5(1)	3

				)-2K				
6	O, S, Se, Te, Po	6	1	6=8(1)-2K	8-6=2	1	1(1)	2
7	F, Cl, Br, I, At	7	1	7=8(1)-2K	8-7=1	0.5	0.5(1)	1
8	Ne, Ar, Kr, Xe, Rn	8	1	8=8(1)-2K	8-8=0	0	0(1)	0

		Ve	n	Ve =18n-2K	2K=18n-Ve	K	K(n)	V=2K
3	Sc, Y, Lu	3	1	3=18(1)-2K	18-3=15	7.5	7.5(1)	15
4	Ti, Zr, Hf	4	1	4=18(1)-2K	18-4=14	7	7(1)	14
5	V, Nb, Ta	5	1	5=18(1)-2K	18-5=13	6.5	6.5(1)	13
6	Cr, Mo, W	6	1	6=18(1)-2K	18-6=12	6	6(1)	12
7	Mn, Tc, Re	7	1	7=18(1)-2K	18-7=11	5.5	5.5(1)	11
8	Fe, Ru, Os	8	1	8=18(1)-2K	18-8=10	5	5(1)	10
9	Co, Rh, Ir	9	1	9=18(1)-2K	18-9=9	4.5	4.5(1)	9
10	Ni, Pd, Pt	10	1	10=18(1)-2K	18-10=8	4	4(1)	8
11	Cu, Ag, Au	11	1	11=18(1)-2K	18-11=7	3.5	3.5(1)	7
12	Zn, Cd, Hg	12	1	12=18(1)-2K	18-12=6	3	3(1)	6

2.6 RÓŻNE SPOSOBY UZYSKIWANIA NUMERÓW SZKIELETOWYCH ZMODYFIKOWANYCH ELEMENTÓW SZKIELETOWYCH

$$Fe \xrightarrow{H} FeH \xrightarrow{H} FeH_2 \xrightarrow{H} FeH_3 \xrightarrow{H} FeH_4 \xrightarrow{H} FeH_5$$

K=5 4.5 4 3.5 3 2.5

$$FeH_5 \xrightarrow{H} FeH_6$$

2

$$FeH_{10} \xleftarrow{H} FeH_9 \xleftarrow{H} FeH_8 \xleftarrow{H} FeH_7 \xleftarrow{H} FeH_6$$

K =0 0.5 1 1.5 2

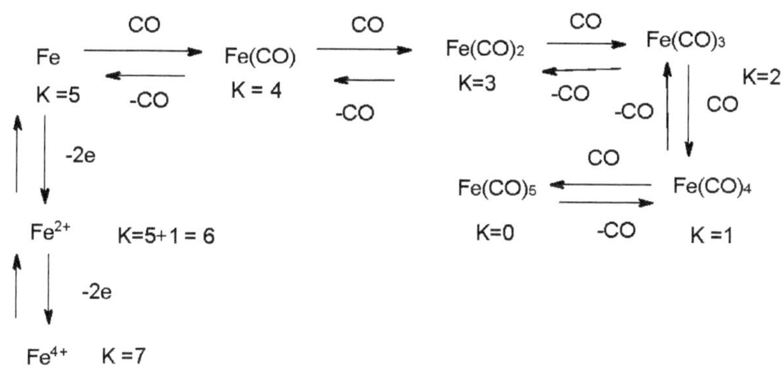

2.7 TWORZENIE ZMODYFIKOWANYCH ELEMENTÓW SZKIELETOWYCH ZA POMOCĄ RÓWNAŃ

Z WYJĄTKIEM ELEMENTÓW NAGICH BEZ ŁADUNKU LUB LIGANDÓW, INNE GATUNKI Z LIGANDAMI DOŁĄCZONYMI DO NICH LUB KTÓRE SĄ NAŁADOWANE UJEMNIE LUB DODATNIO, MOGĄ BYĆ UWAŻANE ZA CHEMICZNIE ZMODYFIKOWANE ELEMENTY SZKIELETOWE O OKREŚLONYCH LICZBACH SZKIELETOWYCH I ODPOWIADAJĄCYCH IM WALENCJACH (V) LUB POWIĄZANIACH. Przykłady ilustracji: [B(K =2.5, V=5)]; [(BH)(K =2.5-0.5 =2, V=4)]; [(BH2)(K=2.5-1=1.5, V=3)] i [BH3)(K=2.5-1.5 =1, V=2)]. To po prostu oznacza, że [B] może mieć maksymalnie 5 linii podłączonych do niego, [BH], 4 linie, [BH2], 3 linie, [BH3], 2 linie. Powiązania zmodyfikowanych elementów szkieletowych można łatwo obliczyć w sposób przedstawiony na poniższych prostych równaniach jako ilustracje. TWORZENIE CHEMICZNIE ZMODYFIKOWANYCH ELEMENTÓW SZKIELETOWYCH MOŻE BYĆ HIPOTETYCZNIE PRZEDSTAWIONE W POSTACI RÓWNAŃ.

i. Fe+ 3CO = $Fe(CO)_3$
5- 3 = 2 (V=4)

ii. Fe + C4H4 = Fe(C4H4)
5 - 2 = 3 (V=6)

iii. Fe + Cp = Fe(Cp)
5 - 2.5 = 2.5 (V =5)

iv. Fe + C6H6 = Fe(C6H6)
5 - 3 = 2(V=4)

v. Fe + R = FeR
5 - 0.5 = 4.5 (V = 9)

vi. Fe + e = Fe-1
5 -0.5 = 4.5 (V= 9)

vii. Fe + 5CO = $Fe(CO)_5$
5 -5 = 0

viii. Co + 3CO = $Co(CO)_3$
4.5 - 3 = 1.5 (V = 3)

ix. Co + Cp = Co(Cp)

4.5 - 2.5 = 2(V=4)

x. Co + R = CoR

4.5 - 0.5 = 4(V=8)

xi. Co + 4CO = $Co(CO)_4$ ≡ Cl(K =0,5)

4.5 - 4 = 0.5

xii. Au + PPh3 = Au(PPh3)

3.5 - 1 = 2.5(V=5)

xiii. Au + H = AuH

3.5 -0.5 = 3(V=6)

WYBRANE FRAGMENTY	Ve	n	Ve = 8n-2K	2K= 8n-Ve	K	K(n)	V= 2K
C	4	1	4=8(1)-2K	8-4=4	2	2(1)	4
CH	5	1	5=8(1)-2K	8-5=3	1.5	1.5(1)	3
CH2	6	1	6=8(1)-2K	8-6=2	1	1(1)	2
CH3	7	1	7=8(1)-2K	8-7=1	0.5	0.5(1)	1
CH4	8	1	8=8(1)-2K	8-8=0	0	0(1)	0

MOLEKUŁY/KLASTRY							
C2	8	2	8= 8(2) -2K	16- 8=8	4	4(2)	8
C2H2	10	2	10= 8(2) -2K	16- 10= 6	3	3(2)	6
C2H4	12	2	12= 8(2) -2K	16- 12= 4	2	2(2)	4
C2H2	14	2	14= 8(2) -2K	16- 14= 2	1	1(2)	2
N2	10	2	10= 8(2) -2K	16- 10= 6	3	3(2)	6
O2	12	2	12= 8(2) -2K	16- 12= 4	2	2(2)	4
F2	14	2	14= 8(2) -2K	16- 14= 2	1	1(2)	2
C3H6	18	3	18= 8(3) -2K	24- 18= 6	3	3(3)	6
P4	20	4	20= 8(4) -2K	32- 20= 12	6	6(4)	12
C4H4	20	4	20= 8(4) -2K	32- 20= 12	6	6(4)	12

C4R4, R=Me, Et, Ph	20	4	20= 8(4) -2K	32- 20= 12	6	6(4)	12
C4H6	22	4	22= 8(4) -2K	32- 22= 10	5	5(4)	10
B4H10	22	4	22= 8(4) -2K	32- 22= 10	5	5(4)	10
C4H8	24	4	24= 8(4) -2K	32- 24= 8	4	4(4)	8
C4H10	26	4	26= 8(4) -2K	32- 26= 6	3	3(4)	6
B5H9	24	5	24= 8(5) -2K	40- 24= 16	8	8(5)	16
Pb52-	22	5	22= 8(5) -2K	40- 22= 18	9	9(5)	18
Bi53+	22	5	22= 8(5) -2K	40- 22= 18	9	9(5)	18
B6H62-	26	6	26= 8(6) -2K	48- 26= 22	11	11(6)	22
Wybrane pochodne zmodyfikowane elementy szkieletowe							

WYBRANE KLASTRY	Ve	n	Ve = 8n-2K	2K =8n -Ve	K	K(n)	V
$Mn2(CO)_{10}$	34	2	34=18(2)-2K	36-34=2	1	1(2)	2
$Mo2(CO)_{6}(Cp)_{2}$	34	2	34=18(2)-2K	36-34=2	1	1(2)	2
$Rh2(CO)_{4}(Cp)_{2}$	32	2	32=18(2)-2K	36-32=4	2	2(2)	4
$Mo2(CO)_{4}(Cp)_{2}$	30	2	30=18(2)-2K	36-30=6	3	3(2)	6
$Os3(CO)_{12}$	48	3	48=18(3)-2K	54-48=6	3	3(3)	6
$Os4(CO)_{16}$	64	4	64=18(4)-2K	72-64=8	4	4(4)	8
$Ir4(CO)_{12}$	60	4	60=18(4)-2K	72-60=12	6	6(4)	12
$PtRh4(CO)^{122-}$	72	5	72=18(5)-2K	90-72=18	9	9(5)	18
$Os5(CO)_{152-}$	72	5	72=18(5)-2K	90-72=18	9	9(5)	18

$Co6(CO)_{16}$	86	6	86=18(6)-2K	108 - 86= 22	11	11(6)	22

		Ve	K = ½ [8n-Ve] lub K= ½ [18n-Ve]	POŁĄCZENIA, V = 2K
Tl^{+}	1[2.5]+1(0.5)=3	2	½[8(1)-2]=3	6
Tl	2.5	3	½[8(1)-3]=2.5	5
Tl^{-}	1[2.5]-1(0.5)=2	4	½[8(1)-4]=2	4
Tl^{2-}	1[2.5]-2(0.5)=1.5	5	½[8(1)-5]=1.5	3
Bi^{+}	1[1.5]+1(0.5)=2	4	½[8(1)-4]=2	4
Bi	1.5	5	½[8(1)-5]=1.5	3
Te	1	6	½[8(1)-6]=1	2
Te^{+}	1[1]+1(0.5)=1.5	5	½[8(1)-5]=1.5	3
Rh	4.5	9	½[18(1)-9]=4.5	9
Rh(CO)	1[4.5]-1=3.5	11	½[18(1)-11]=3.5	7
$Rh(CO)_{1,5}$	1[4.5]-1.5=3	12	½[18(1)-12]=3	6
$Rh(CO)_{2}$	1[4.5]-2=2.5	13	½[18(1)-13]–2.5	5
$Rh(CO)_{2,5}$	1[4.5]-2.5=2	14	½[18(1)-4]=2	4
$Rh(CO)_{3}$	1[4.5]-3=1.5	15	½[18(1)-15]−1.5	3

$Rh(CO)_{3,5}$	1[4.5]-3.5=1	16	½[18(1)-16]=1	2
Os	5	8	½[18(1)-8]=5	10
Os(CO)	1[5]-1(1)=4	10	½[18(1)-10]=4	8
$Os(CO)_2$	1[5]-2(1)=3	12	½[18(1)-12]=3	6
$Os(CO)_3$	1[5]-3(1)=2	14	½[18(1)-14]=2	4
$Os(CO)^{3-}$	1[5]-3(1)-1(0.5)=1.5	15	½[18(1)-15]=1.5	3
$Cr(CO)_3$	1[6]-3(1)=3	12	½[18(1)-12]=3	6
$Cr(CO)^{3-}$	1[6]-3(1)-1(0.5)=2.5	13	½[18(1)-13]=2.5	5
$Cr(CO)^{32-}$	1[6]-3(1)-2(0.5)=2	14	½[18(1)-14]=2	4

	K	V=2K			Wartość K	V=2K	Ve=18n-2K(n=1, K =0)
Mn	5.5	11	MnH65-		0	0	
Tc	5.5	11		TcH92-	0	0	18
Re	5.5	11	ReH65-	ReH92-	0	0	18
Fe	5	10	FeH64-		0	0	18
Ru	5	10	RuH55-		0	0	18
Os	5	10	OsH64-		0	0	18
Co	4.5	9	CoH54-	CoH45-	0	0	18
Rh	4.5	9	RhH63-		0	0	18
Ir	4.5	9	IrH63-	IrH54-	0	0	18
Ni	4	8	NiH44-		0	0	18

Pd	4	8					
Pt	4	8	PtH62-		0	0	18
Cu	3.5	7					
Ag	3.5	7					
Au	3.5	7					
Zn	3	6	ZnH42-		0	0	18

									K	K(n)	V–2K*
Sc3+	Y3+	Lu3+							9	9(1)	18
Sc2+	Y2+	Lu2+							8.5	8.5(1)	17
Sc+	Y+	Lu+							8	8(1)	16
Sc	Y	Lu	Ti+						7.5	7.5(1)	15
Ti	Zr	Hf	Ta+						7	7(1)	14
V	Nb	Ta							6.5	6.5(1)	13
Cr	Mo	W	Os2+						6	6(1)	12
Mn	Tc	Re	Os+						5.5	5.5(1)	11
Fe	Ru	Os	Pt2+						5	5(1)	10
Co	Rh	Ir	Pt+					FeH, Re(CO), ReH2	4.5	4.5(1)	9
Ni	Pd	Pt	Li+					Fe(CO)	4	4(1)	8
Cu	Ag	Au	Li	Na				Co(CO), Os(H)(CO)	3.5	3,5(1)	7

Zn	Cd	Hg	Być	Mg	C2 +			Cr(η6-C6H6), Pt(CO), MnCp, $Fe(CO)_2$	3	3(1)	6
B	Al	Ga	Na stronie	Tl	C+	N2 +		FeCp, ScCp2, AuL	2.5	2.5(1)	5
C	Si	Ge	Sn	Pb	N+			$Fe(CO)_3$, $W(CO)_4$, RhCp, BH	2	2(1)	4
N	P	Jak	Sb	Bi	C⁻	CH		$Ir(CO)_3$,Fe(CO)(η5-C5H5), BH2	1.5	1.5(1)	3
		Ge-	Sn-	Pb-				Ni(η5-C5H5), $Co(CO)_3$,$CpMo(CO)_2$, CpFe(CO)	1.5	1.5(1)	3
O	S	Se	Te	C2 —	CH2	NH		$Zn(CO)_2$, $Os(CO)_4$, Cp2Ta, TiCp2, $Os(CO)_4$, $Fe(CO)_4$,	1	1(1)	2
F	Cl	Br	I	C3 —	CH3	NH2	OH	$Mn(CO)_5$, $Co(CO)_4$, $CpMo(CO)_3$, $CpRu(CO)_2$	0.5	0.5(1)	1
Ne	Ar	Kr	Xe	C4 —	CH4	NH3	OH2	FH, $Ni(CO)_4$,ReH92-, $Fe(CO)_5$	0	0(1)	0

	n	K WARTOŚĆ	WALENCJA: V = 2K)	K(n)	SERIES, S =4n +q

Sc	1	7.5	15	7.5(1)	4n-11
Ti	1	7	14	7(1)	4n-10
V	1	6.5	13	6.5(1)	4n-9
Cr	1	6	12	6(1)	4n-8
Mn	1	5.5	11	5.5(1)	4n-7
Os	1	5	10	5(1)	4n-6
Rh, FeH, Re(CO),ReH2,Co, Ir, FeR	1	4.5	9	4.5(1)	4n-5
Os(CO),Fe(CO), Ni,Pd, Pt, Li+,Na+,K+, Rb+, Cs+,M$(CO)_2$(M=Cr, Mo, W)	1	4	8	4(1)	4n-4
Rh(CO), Cu, Ag, Au, Co(CO), Ir(CO), OsH(CO), Cu, Ag, Au, Li, Na, K, M$(CO)_2$,(M– Mn,Tc, Re) , M(Cp), M– Cr, Mo, W	1	3.5	7	3.5(1)	4n-3
C2+, Cr$(CO)_3$, Os$(CO)_2$, Rh$(CO)_{1.5}$, Rh$(CO)_{1.5}$, Tl+, AuH, Fe(C4H4), Fe$(CO)_2$, Ru$(CO)_2$, MnCp, Cr(C6H6), C2+, Mg, Be, Hg, Cd, Zn, Tl+, Rh$(CO)_{1.5}$,Cr$(CO)_3$,Mo$(CO)_3$,W$(CO)_3$, M(Cp), M= Mn,Tc, Re ; M(Bz), M– Cr, Mo, W	1	3	6	3(1)	4n-2
Cr$(CO)^{3-}$, B, Rh$(CO)_2$, Tl, C+, Fe(Cp), Au(PPh3), ScCp2,FeH5,N2+,C+,Al, Ga, In,RuCp, OsCp, CuL, AgL, Rh$(CO)_2$,Co$(CO)_2$,Ir$(CO)_2$, M$(CO)_3$,M=Mn,Tc, Re ; M(Bz), M= Mn,Tc, Re	1	2.5	5	2.5(1)	4n-1

C, Si, Ge, Sn, Pb, BH, CoCp, RhCp, IrCp, $Fe(CO)_3$, $Ru(CO)_3$, $Os(CO)_3$, $Cr(CO)_4$, $Mo(CO)_4$, $W(CO)_4$, Fe(C4H4), Tl-, Bi+; M(Bz), M= Fe, Ru, Os	1	2	4	2(1)	4n+0
N, P,As, Sb, Bi, $Co(CO)_3$,$Rh(CO)_3$,$Ir(CO)_3$,CH,CR,SiH, GeH,SnH, PbH, Pb-' Sn-' $MoCp(CO)_2$,FeCp(CO), Tl2-,Te+,$M(CO)_4$, M= Mn,Tc, Re; M(Bz), M= Co, Rh, Ir	1	1.5	3	1.5(1)	4n+1
O, S, Se, Te, C2-, CH2, SiH2, GeH2, SnH2, PbH2, NH, NR, PR, AsR, AsH, $Fe(CO)_4$, $Ru(CO)_4$, $Os(CO)_4$, TiCp2, Pb2-' Sn2-, BH3, $M(CO)_4$, M= Fe, Ru, Os	1	1	2	1(1)	4n+2
F, Cl, Br, I, C3-, CH3, CR3, NH2, NR2, OH, $Mn(CO)_5$, $Tc(CO)_5$, $Re(CO)_5$, $Co(CO)_4$, $MoCp(CO)_3$, $RuCp(CO)_2$, $M(CO)_4$, M= Co, Rh, Ir	1	0.5	1	0.5(1)	4n+3
Ne,Ar,Kr,Xe, C4-,CH4, CR4,SiH4,GeH4,SnH4,NH3,NR3,PR3,OH2, FH, $Ni(CO)_4$,$Fe(CO)_5$, ReH92-' MnH65-' TcH92-' ReH65-, FeH64-' FeH64-, RuH55-	1	0	0	0(1)	4n+4
OsH64-, CoH54-, CoH45-, RhH63-' IrH63-, IrH54-, NiH44-, PtH62-, ZnH42-	1	0	0	0(1)	4n+4

	Przykłady	K Wartość
	Ładunek dodatni	+0.5
	H, R, 1e, X=F, Cl, Br, I, CN,	-0.5
Monodentat	CO, N2, PR3, NH3, NR3, OH2, C2H4,	-1
Bidentate	H2NCH2CH2NH2, Ph2PCH2CH2PPh2, dipirydyna,C4H4,	-2
Tridentat	terpyrydyna	-3
	C5H5	-2.5
	C6H6	-3
Dla każdego pojedynczego elektronu przekazanego jako ligand, K=-0,5		

2.8 ZMIENNY PARAMETR K(n) DOTYCZĄCY STAŁEJ LICZBY ELEMENTÓW WIELKOSKŁADOWYCH

Rozważmy wieloszkieletowe nagie skupisko Mx, gdzie M reprezentuje element szkieletowy, a x>1. Jeżeli wartością liczby szkieletowej M jest N, to liczba szkieletowa netto T nagiego skupiska Mx jest określona przez T = xN. Na przykład, nagi Fe(K=5) i Fe2(K =2x5 =10) i Fe6(K=6x5 =30). Wartość ta może być wyprowadzona z użycia jednego z trzech podstawowych równań naturalnych elektronów walencyjnych klastra. Załóżmy, że ligand CO(K= -1) jest kolejno dodawany do klastra szkieletowego Fe2. Za każde dodanie ligandu CO pierwotna wartość K zmniejsza się o 1. Mamy więc serię K(n): 10(2)[początkowy]→9(2)→8(2) →7(2) →6(2) →5(2) →4(2) →3(2) →2(2) →1(2) →0(2). Spróbujmy zinterpretować, co niektóre z tych liczb oznaczają jako ilustrację. Rozważmy K(n) =1(2). W tym przypadku K =1 = 2n- ½ q, i n=2; stąd, ½ q =2(2)-1=3 i q =6. Dlatego S =4n+q =4n+6(rodzina arachno). Ponieważ rozważamy kompleks karbonylowy metali przejściowych, odpowiadająca mu zawartość elektronów w walencji klastrowej jest podana przez S=Ve = 14n+6. Podstawa serii [14n], cyfra 14 reprezentuje zmodyfikowany monoszkieletowy fragment o wartości zawartości elektronów 14, która w tym przypadku odpowiada $[Fe(CO)_3]$ i n=2. Wyznacznik cyfra 6 serii odpowiada dodatkowej liczbie elektronów z ligandów 3CO. Dlatego też wzór na klaster można łatwo wyprowadzić jako $F=[Fe(CO)_3](2)+3CO = Fe2(CO)_9$. Podobnie, dla K(n) =0(2), S=4n+8, Ve= 14n+8, $F=Fe2(CO)_{10} = 2[Fe(CO)_5]$. Jak widzieliśmy, każdy ze zmodyfikowanych elementów szkieletu $Fe(CO)_5$ ma wartość K =0. Innymi słowy, dla oryginalnego nagiego fragmentu szkieletu, Fe2, ostatnie K = n-1 = K=2-1 = 1. To mówi nam, że ostatni możliwy klaster z serii Fe2 będzie miał połączenie klastrowe 1 łączące dwa elementy szkieletowe. Ten proces dodawania jednego ligandu CO w danym czasie podano w tabeli 11. Podejście to zostało również zastosowane do wybranych klastrów M6 Re, Os i Rh, a wyniki zostały przedstawione w tabeli 12.

T-11	n	Ve	K= ½ [18n-Ve]	K(sn)	K(n)	S=4n+q
Fe2	2	16	K= ½ [18(2)-16]=10	10	10(2)	
$Fe2(CO)_1$	2	18	K= ½ [18(2)-18] =9	10-1=9	9(2)	
$Fe2(CO)_2$	2	20	K= ½ [18(2)-20] =8	10-2=8	8(2)	
$Fe2(CO)_3$	2	22	K= ½ [18(2)-22] =7	10-3=7	7(2)	
$Fe2(CO)_4$	2	24	K= ½ [18(2)-24] =6	10-4=6	6(2)	
$Fe2(CO)_5$	2	26	K= ½ [18(2)-26] =5	10-5=5	5(2)	
$Fe2(CO)_6$	2	28	K= ½ [18(2)-28] =4	10-6=4	4(2)	
$Fe2(CO)_7$	2	30	K= ½ [18(2)-30] =3	10-7=3	3(2)	
$Fe2(CO)_8$	2	32	K= ½ [18(2)-32] =2	10-8=2	2(2)	
$Fe2(CO)_9$	2	34	K= ½ [18(2)-34] =1	10-9=1	1(2)	
$Fe2(CO)_{10}$	2	36	K= ½ [18(2)-36] =0	10-10=0	0(2)	

Dzięki prostej analizie danych w tabelach takich jak 1,2, 5,6, 7 i 11, jest całkiem oczywiste, że możemy przypisać numery szkieletowe do elementów szkieletowych i ligandów. W tym przypadku Fe(K= 5), CO(K =-1, gdy działa jako ligand), H(K= -0,5, gdy działa jako ligand), elektron(1e, K= -0.5), ładunek dodatni (+1, K= +0,5), C2H4(K = -1, jako ligand), C4H4(K=-2, jako ligand), C5H5(K =-2,5, jako ligand), C6H6(K = -3, jako ligand). Stąd, dla każdego oddanego elektronu, K = -0.5.

2.9 OGÓLNE WYBRANE LICZBY SKELETETYCZNE USŁUG M6 K(n)

Aby lepiej zrozumieć zachowanie się struktur izomerycznych klastrów, przyjrzyjmy się zmienności wartości K(n) wybranych struktur szkieletowych M6, począwszy od klastra Os6 naked. Wartość K nagiego klastra można obliczyć na podstawie jego elektronów walencyjnych (n, Ve) = (6,48). I tak, Ve = 18n-2K; 48=18(6)-2K, 2K =108-48 = 60, K=30. Jest to po prostu wielokrotność 5, to znaczy K =6(5) = 30. Dodając ligand CO otrzymujemy fragment Os(CO) z K(n) = 29(6). Proces może być kontynuowany aż do K =0, gdy otrzymamy $Os6(CO)_{30}$. Przy każdym dodaniu ligandu CO, wartość K spada o 1. Wartość K równa 0 oznacza, że klaster jest niestabilny i rozpadł się na pojedyncze jednoszkieletowe fragmenty, $Os6(CO)_{30} \rightarrow 6[Os(CO)_5]$, z których każdy podlega regule 18 elektronowej. Z poprzedniej pracy odkryto, że znaczący klaster, w którym wszystkie elementy szkieletowe pozostają nienaruszone, występuje wtedy, gdy K = n-1, gdzie n = wskaźnik jąderności klastra. W tym przypadku dla n=6, znaczący klaster zostanie osiągnięty, gdy n-1 = K =6-1= 5. Wartość K(n) = 11(6) występuje, gdy 19 ligandów CO jest dodawanych do nagiego klastra Os6. To daje nam klaster $Os6(CO)_{19}$, który według serii jest taki sam jak $Os6(CO)^{182-}$. Klaster ten ma idealny kształt izomeryczny o symetrii Oh (patrz schemat 3). Inne grupy 8 klastrów metalowych w tej kategorii to $Ru6(C)(CO)^{162-}$, $Ru6(C)(CO)_{17}$, $Fe6(C)(CO)^{162-}$ oraz $Fe6(N)(CO)_{153-}$. W przypadku Rh6 K(n) = 11(6) występuje przy $Rh6(CO)_{16}$. W przypadku B6, K(n) = 11(6) występuje po dodaniu 7CO lub 14H. Odpowiada to $B6(CO)_4$ = B6H8 = B6H62-. Jeśli chodzi o nagie skupisko Re6 (K=33), wymagane będą 22 ligandy CO oraz skupisko $Re6(CO)_{22}$ o idealnym izomerycznym kształcie ośmiościennym. Klastry $Re6(C)(CO)_{192-}$, $Re6(C)(CO)_{18}(H2)^{2-}$ i $Re6H7(CO)_{18-}$ powstały w porozumieniu z hipotetycznie przewidywanym $Re6(CO)_{22}$. Spójrzmy na K(n) = 9(6), w tabeli 12. Należy do serii S = 4n+6, K=2n-3, Kp = C-2C[M8]; Ve=14n+6 = 14(6)+6 = 90, Ve =18n-2K = 18(6)-2(9)= 90, Ve =14+2x+12(n-1)=14+2(8)+12(6-1) = 14+16+12(5) =30+60 =90. Obliczenia te odpowiadają klastrom metali przejściowych. Idealnym kształtem spotykanym w przypadku K(n) =9(6) jest pryzmat trygonalny pokazany w TP-0. Spójrzmy na równoległe elementy grupy głównej; S=4n+6, K=2n-3, Kp=C-2C[M8], Ve =4n+6=4(6)+6 = 30, Ve=8n-2K=8(6)-2(9) = 30, Ve=4+2x+2(n-1) =4+2(8)+2(6-1)=4+16+10=30. Węglowodór C6H6 ma parametr K(n) = 9(6). Jeden z jego izomerów ma kształt pryzmatu trygonalnego pokazany w TP-0. Ale w dodatku ma on inne znane izomery, z których niektóre są pokazane w TP-0.

Byłoby dość interesujące dowiedzieć się, czy klastry metali przejściowych z K(n) =9(6) również przedstawiają pewien izomeryizm, taki jak ten znaleziony dla benzenu, C6H6.

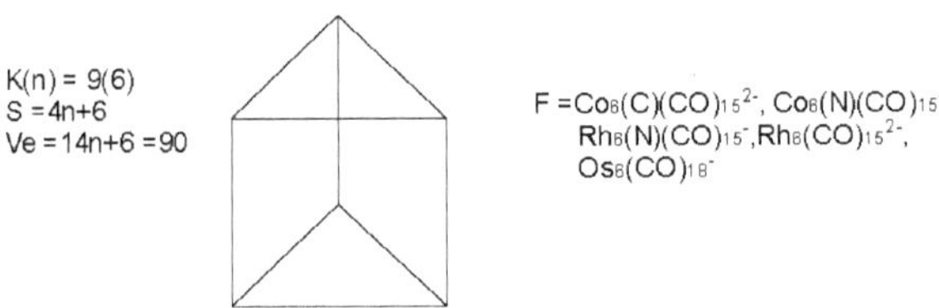

Isomeric geometrical structure of transition metal clusters

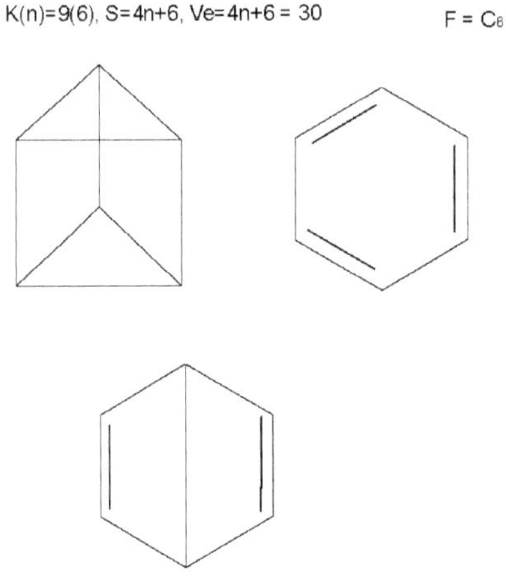

Possible isomeric graphical structures of C_6H_6

TP-0

T-12											
	Re6: 33 K(n)	Ve=18n-2K	Os6: 30	Ve=18n-2K	Rh6: 27 K(n)	Ve=18n-2K	B6: 15 K(n)	Ve=8n-2K	S=4n+q	K=2n- ½ q	Kp=CyC[Mx]
	33(6)	42							4n-42	2n+21	C22C[M-16]
	32(6)	44							4n-40	2n+20	C21C[M-15]
	31(6)	46							4n-38	2n+19	C20C[M-14]
0	30(6)	48	30(6)	48					4n-36	2n+18	C19C[M-13]
1	29(6)	50	**29(6)**	**50**					4n-34	2n+17	C18C[M-12]
2	28(6)	52	**28(6)**	**52**					4n-32	2n+16	C17C[M-11]
3	27(6)	54	**27(6)**	**54**	27(6)	54			4n-30	2n+15	C16C[M-10]
4	26(6)	56	**26(6)**	**56**	26(6)	56			4n-28	2n+14	C15C[M-9]
5	25(6)	58	**25(6)**	**58**	25(6)	58			4n-26	2n+13	C14C[M-8]
6	24(6)	60	**24(6)**	**60**	24(6)	60			4n-24	2n+12	C13C[M-7]
7	23(6)	62	**23(6)**	**62**	23(6)	62			4n-22	2n+11	C12C[M-6]

8	22(6)	64	**22(6)**	**64**	22(6)	64			4n-20	2n+10	C11C[M-5]
9	21(6)	66	**21(6)**	**66**	21(6)	66			4n-18	2n+9	C10C[M-4]
10	20(6)	68	**20(6)**	**68**	20(6)	68			4n-16	2n+8	C9C[M-3]
11	19(6)	70	**19(6)**	**70**	19(6)	70			4n-14	2n+7	C8C[M-2]
12	18(6)	72	**18(6)**	**72**	18(6)	72			4n-12	2n+6	C7C[M-1]
13	17(6)	74	**17(6)**	**74**	17(6)	74			4n-10	2n+5	C6C[M0]
14	16(6)	76	16(6)	76	**16(6)**	**76**			4n-8	2n+4	C5C[M1]
15	15(6)	78	**15(6)**	**78**	**15(6)**	**78**	15(6)	18	4n-6	2n+3	C4C[M2]
16	14(6)	80	**14(6)**	**80**	**14(6)**	**80**	14(6)	20	4n-4	2n+2	C3C[M3]
17	13(6)	82	**13(6)**	**82**	**13(6)**	**82**	13(6)	22	4n-2	2n+1	C2C[M4]
18	12(6)	84	12(6)	84	12(6)	84	12(6)	24	4n+0	2n+0	C1C[M5]
19	11(6)	86	11(6)	86	11(6)	86	11(6)	26	4n+2	2n-1	C0C[M6]
20	10(6)	88	10(6)	88	10(6)	88	10(6)	28	4n+4	2n-2	C-1C[M7]
21	9(6)	90	9(6)	90	9(6)	90	9(6)	30	4n+6	2n-3	C-2C[M8]
22	8(6)	92	8(6)	92	8(6)	92	8(6)	32	4n+8	2n-4	C-3C[M9]

23	7(6)	94	7(6)	94	7(6)	94	7(6)	34	4n+10	2n-5	C-4C[M10]
24	6(6)	96	6(6)	96	6(6)	96	6(6)	32	4n+12	2n-6	C-5C[M11]
25	5(6)	98	5(6)	98	5(6)	98	5(6)	30	4n+14	2n-7	C-6C[M12]

2.10 . SKŁAD CHEMICZNY KLASTRÓW TEORIA WYKRESÓW KLASTRÓW

Reguła 8 elektronowa dla głównych pierwiastków grupy oraz reguły 16 i 18 elektronowe dla klastrów metali przejściowych są bardzo ważne w dziedzinie chemii (Tolman,1972). Przy użyciu metody serii 4N stwierdzono, że wszystkie elementy szkieletowe, zarówno nagie jak i zmodyfikowane, ściśle przestrzegają prawa liczb szkieletowych i ich walorów. W związku z tym, konstruując kształty klastrów (w tym artykule nazywanych izomerycznymi strukturami graficznymi) z dwoma lub więcej elementami szkieletowymi zgodnie z metodą serii 4N, **stwierdzono, że ogólnie rzecz biorąc, każdy z elementów szkieletowych podlega 8 regułom elektronowym dla głównych elementów grupy i 18 regułom elektronowym dla metali przejściowych. Ponadto, łączność przy każdym elemencie szkieletowym zależy od numeru szkieletu i odpowiadającej mu walencji elementu**. Prosta koncepcja teorii grafu była wcześniej wykorzystywana do kategoryzacji i szkicowania izomerycznych struktur geometrycznych złota (Kiremire, 2018a, 2018b, 2018c). Kiedy nagi element szkieletowy jest modyfikowany albo poprzez dodanie ligandu, albo poprzez zmniejszenie jego liczby utleniania lub zmniejszenie liczby utleniania, jego łączność zmienia się odpowiednio. Parametr K(n) klastrów, gdzie $n \geq 2$ jest bardzo przydatny w szkicowaniu izomerycznych struktur graficznych. Wartość K przedstawia liczbę połączeń (krawędzi), które muszą być dokładnie dopasowane do liczby elementów szkieletowych (n = węzłów). W ten sposób łatwiej jest łączyć linie (krawędzie) lub krzywe (dowolnie) według prostej koncepcji teorii grafu matematycznego. W ten sposób linie lub krzywe mogą być wykorzystane do połączenia 2 lub więcej punktów (węzłów lub elementów szkieletowych). Niektóre z powiązań łączących dwa punkty przyjęte z teorii wykresów zostały naszkicowane na rysunku 1. Łączenie dwóch lub więcej punktów jest podobne do tego, co można znaleźć w matematyce (Balaban, 1985) i zostało przyjęte w niniejszym artykule. Stąd też izomeryczne struktury graficzne naszkicowane w tym artykule będą stosowały tę samą koncepcję stosowania linii lub krzywych, co konieczne, zgodnie z zasadą liczb szkieletowych i walencją węzłów (elementów szkieletowych). Wybrane ilustracje typów połączeń szkieletowych pokazano na rysunku 2 dla klastrów M1 do M3.

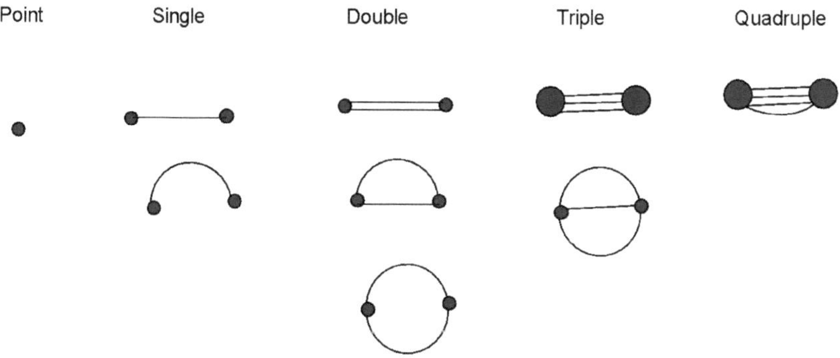

Figure 1. Selected types of linkages(edges)

$Cr(CO)_6$: K=6-6=0, K(n) =0(1), S=4n+4, K =2n-2, Kp =$C^{-1}C$[M2],
Ve = 14n+4=14(1)+4 =18
Ve =18n-2K =18(1)-2(0)= 18
Ve=14+2x+12(n-1) = 14+2(2)+12(1-1)= 18

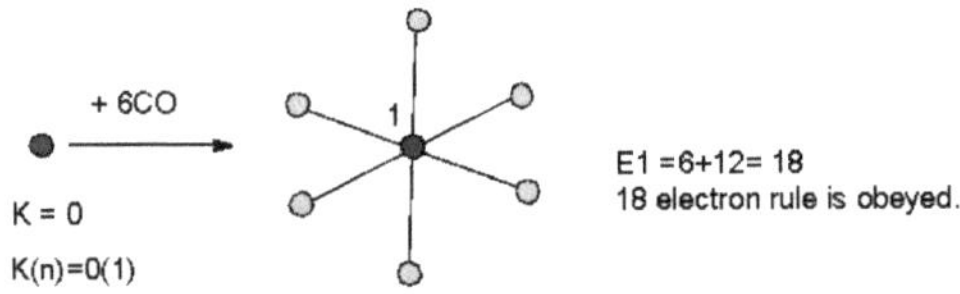

$Co_2(CO)_8$: K =2[4.5]-8 =1, K(n) =1(2), S =4n+6, K =2n-3, Kp = $C^{-2}C$[M4]
Ve=14n+6=14(2)+6= 34
Ve=18n-2K =18(2)-2(1)=34
Ve= 14+2x+12(n-1)=14+2(4)+12(2-1)=14+8+12=34

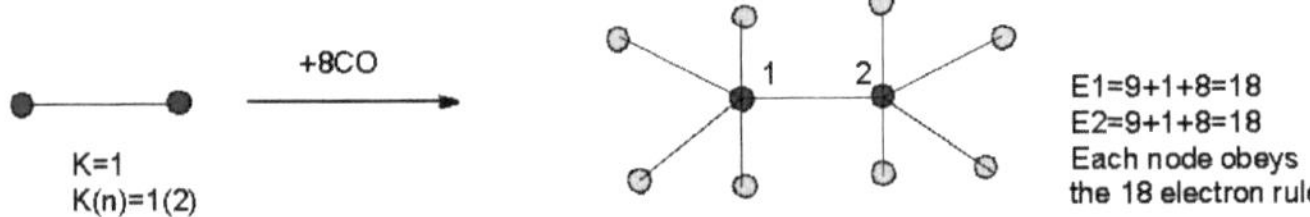

$Os_3(CO)_{12}$: K=3[5]-12=3, K(n)=3(3), S=4n+6, K =2n-3, Kp =$C^{-2}C$[M5]
Ve=14n+6 =14(3)+6 =48
Ve=18n-2K = 18(3)-2(3)= 48
Ve=14+2x+12(n-1)=14+2(5)+12(3-1)=14+10+12(2)=24+24=48

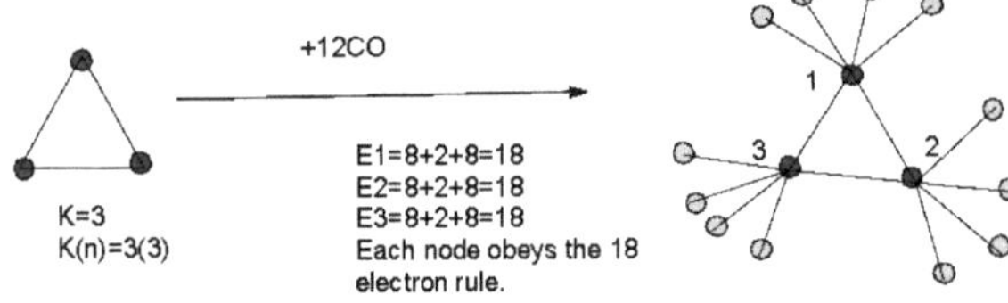

Figure 2. Simple graphs of skeletal structures of M_1 to M_3 skeletal elements

2.11 ŁĄCZENIE ELEMENTÓW SZKIELETOWYCH W CELU UTWORZENIA MOLEKUŁ I KLASTRÓW

Element szkieletowy może być albo nagi, albo zmodyfikowany. Na podstawie szeregów można więc zdefiniować klaster jako składający się z jednego lub kilku elementów szkieletowych, które są albo nagie jak w P4, S8 i As4Se4, albo zmodyfikowane jak w B4H10, $Ir4(CO)_{12}$, albo mieszaniną jak w Pb52-, Bi53+, $Si4Ni4(CO)_{6-}$ i $Si4(CuR)^{24-}$. Za pomocą liczb szkieletowych można obliczyć parametr klastra K(n), a tym samym skonstruować graficzną strukturę izomeryczną. W przypadku izomerycznych struktur graficznych odpowiadających parametrowi K(n) dla więcej niż jednego elementu szkieletowego, jeżeli są one zbudowane szeregowo, **połączenia szkieletowe K muszą być dokładnie dopasowane do (n) elementów szkieletowych zgodnie z ich walencjami szkieletowymi**. Jeżeli proces ten będzie uważnie obserwowany, zostanie odkryte, że każdy zdefiniowany element szkieletowy będzie spełniał regułę 8 elektronową dla głównych elementów grupy (z wyjątkiem atomu H) lub regułę 18 elektronową w przypadku elementów przejściowych. JEST TO PODSTAWA PROSTEJ KONCEPCJI TEORII WYKRESÓW DLA KLASTRÓW OPARTEJ NA METODZIE SZEREGOWEJ. Koncepcja ta zostanie zweryfikowana na podstawie wielu przykładów podanych w niniejszym opracowaniu. Proponowana definicja zmodyfikowanego elementu szkieletowego i nagiego została zilustrowana na rysunku 3.

WHAT IS A CLUSTER?

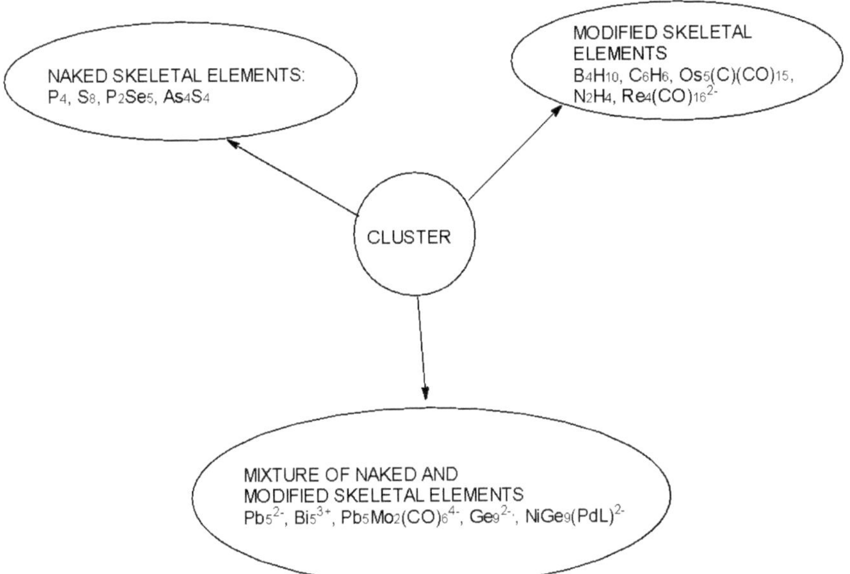

2.12 PRZYJRZYJMY SIĘ KILKU WYBRANYM PRZYKŁADOM KLASTRÓW O PARAMETRZE K(N), 6(4)

Symbol ten oznacza, że istnieje 6 połączeń łączących 4 elementy szkieletowe. Charakterystycznym kształtem tego parametru jest czworościan, Td. Parametr należy do serii S = 4n+4, K=2n-2, Kp= C-1C[M5], Ve =14n+4 =14(4)+4 =60, Ve =18n-2K= 18(4)-2(6)=60, Ve=14+2x+12(n-1)=14+2(5)+12(4-1)=14+10+12(3)=24+36=60. Możliwe izomeryczne struktury graficzne są podane na szkicach klastrowych CL-0, a wybrane przykłady demonstrujące zasady 8 i 18 reguł elektronowych są podane na szkicach klastrowych CL-00.

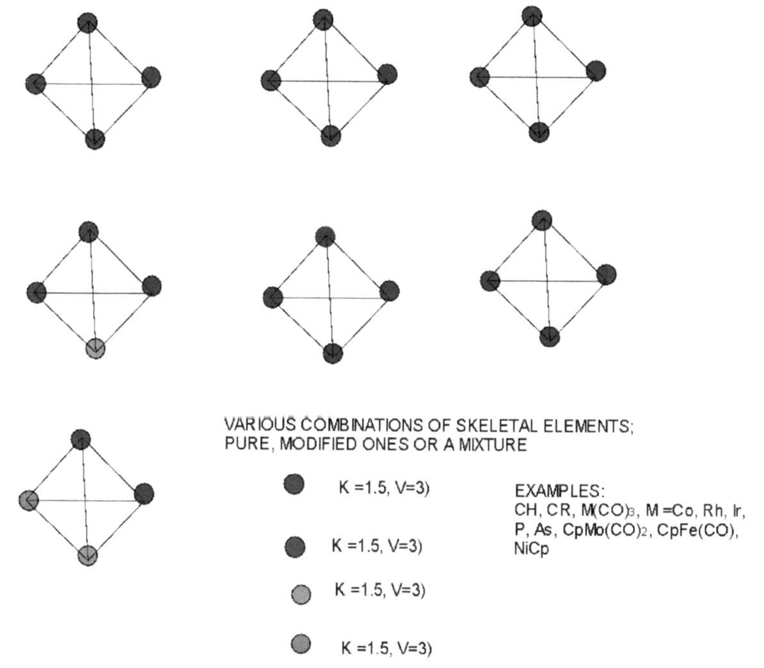

Isomeric graphical isomers of ideal T_d symmetry

CL-0

$Ir(CO)_3$ K=4.5-3 =1.5, V=2K=3; 4[$Ir(CO)_3$], K=4[1.5] =6
$Ir_4(CO)_{12}$, K=6, K(n)=6(4), S=4n+4, K=2n-2, Kp=$C^{-1}C$[M5]
Ve=14n+4 =14(4)+4=60
Ve=18n-2K=18(4)-2(6)= 60
Ve=14+2x+12(n-1)=14+2(5)+12(4-1)=14+10+12(3)=24+36=60

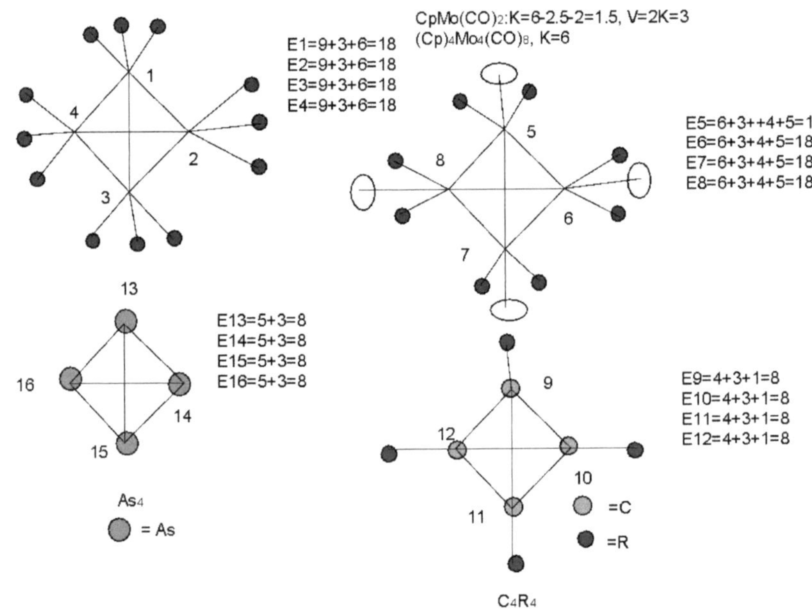

CL-00

2.13 ZMIANA NUMERU SZKIELETU I ZMIANA POŁĄCZEŃ NA ELEMENCIE SZKIELETOWYM

Przyjrzyjmy się węglowemu elementowi szkieletowemu, aby zilustrować koncepcję wzrostu liczby powiązań szkieletowych ze wzrostem stanu utlenienia.

C: [He]2s22p2→(n, Ve) = (1,4); Ve = 8n-2K, K = ½ [8n-Ve] = ½ [8(1)-4] =2, V=2K =4

C+: →(n, Ve)=(1,3); K = ½ [8n-Ve] = ½ [8(1)-3] =2,5, V=2K =5

C2+: →(n, Ve) =(1,2); K = ½ [8n-Ve] = ½ [8(1)-2] = 3, V= 2K = 6

Z tego prostego obliczenia wynika, że gdy nagi węglowy element szkieletowy ulegnie utlenieniu w wyniku utraty jednego z elektronów, wartość K wzrośnie o 0,5, a walencja szkieletu o 1. Widzimy więc, że jako C→C+→C2+, V zmienia się z V=4→5→6. Aspekt ten znajduje odzwierciedlenie w klastrach $C(AuL)_4$, $C(AuL)_{5+}$ i $C(AuL)^{42+}$. Przedstawione są one w graficznej strukturze izomerycznej CL-1 do CL-3. Klaster CL-4 jest jednoczęściowym nienasyconym czworościanem, jak wynika z analizy szeregowej. Elektrony walencyjne klastra Ve obliczone na podstawie formuły ograniczającej są takie same jak obliczone na podstawie formuły klastra VF. W strukturze CL-1 węglowy element szkieletowy posiada walencję q 4, natomiast w CL-5 walencję 5, natomiast w CL-6 element szkieletowy posiada walencję 6. Wszystkie 3 klastry należą do kategorii serii klastrów, które mają jądro złożone z 2 elementów szkieletowych, [M2]. Szczegóły kategoryzacji klastrów metodą szeregową podane są w CL-1 do CL-3.

2.14 ZŁOTE KLASTRY CL-5 DO CL-8

Wszystkie one należą do serii klastrów z jednym elementem szkieletowym [M1] w jądrze, podczas gdy inne wykonują ograniczenie wokół niego. Odpowiednie klastry to Au6L62+: K(n) = 16(6), Kp = C5C[M1]; Au8L72+: K(n) =22(8), Kp = C7C[M1];Au9L83+:K(n) =25(9), Kp=C8C[M1]; Au10L6Cl3+:K(n)=28(10), Kp =C9C[M1]. Po raz kolejny spotykamy kolejne złote skupiska skupione na 2 elementach szkieletowych w jądrze, [M2]. Klastry te rozpoczynają się od CL-9 do CL-13. Złote klastry są bardzo ograniczone. Zaczynając od K(n) = 36(13)dla serii [M2] w dół, otrzymujemy 33(12)→30(11) →27(10) →24(9) →21(8) →18(7) →15(6) →12(5) →9(4) →6(3) →3(2) →0(1). Analizowane są klastry: Au7L7+: K(n) =18(7), Kp= C5C[M2];Au11L7X3:K(n)=30(11), Kp=C9C[M2]; Au12L10Cl3+: K(n)=33(12), Kp=C10C[M2]; Au13L10Cl23+: K(n)=36(13), Kp=C11C[M2].K(n)=0(1) jest dość interesująca w tym, że dla metali przejściowych reprezentuje wszystkie klastry, które spełniają regułę 18 elektronową. K(n) = 3(2) reprezentuje skupiska dwóch atomów metalu związanych wiązaniem potrójnym, takim jak Mo2Cp2$(CO)_4$ z Mo≡Mo. Porównajmy to z niektórymi z serii [M1] zaczynając od K(n) = 28(10) →25(9) →22(8) →19(7) →16(6) →13(5) →10(4) →7(3) →4(2) →1(1). W tym przypadku, K(n) =1(1) reprezentuje klastry jednoszkieletowe, które podlegają 16 regułom elektronowym, takim jak IrCl(CO)$(PPh3)_2$ i HCo$(CO)_3$. K(n) = 4(2) reprezentuje klastry z wiązaniem poczwórnym.

$C(AuL)_4$:K= 1(2)+4(3.5-1)=12, K(n) =12(5), S=4n-4, K=2n+2, Kp =C^3C[M2]
Ve =4+2(2)+2(5-1)+4(10)= 56,VF=56

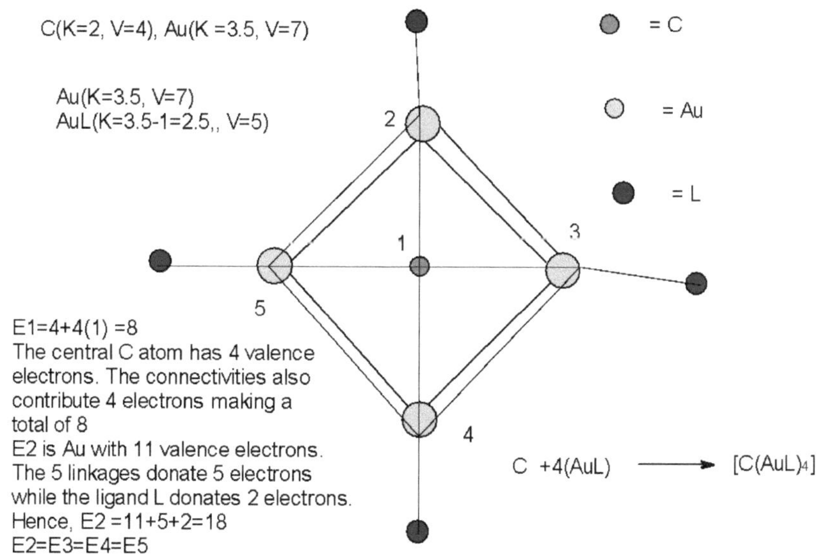

Isomeric graphical structure of $C(AuL)_4$

CL-1

$C(AuL)_5^{+1}$: K =1(2)+5(3.5-1)+0.5= 15, K(n) =15(6), S=4n-6, K =2n+3, Kp= $C^4C[M2]$
Ve =14+2(2)+12(6-1)+1(-10)=68, VF=68

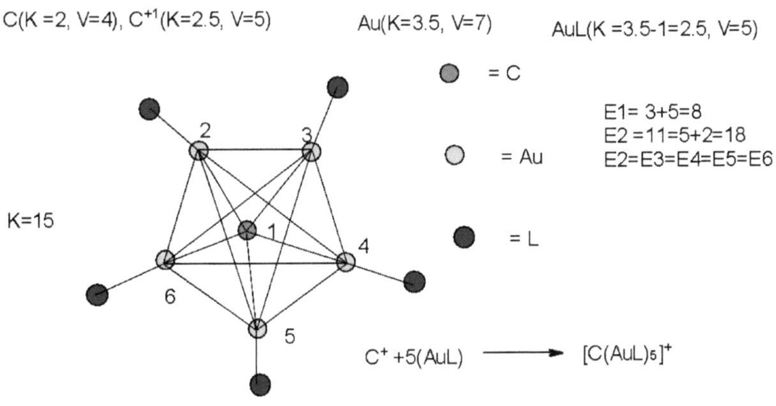

Isomeric graphical structure of $C(AuL)_5^+$

CL-2

$C(AuL)_6^{2+}$: K =1(2)+6(3.5-1)+1= 18, K(n) =18(7), S = 4n-8, K =2n+4, Kp=C^5C[M2]
Ve =4+2(2)+2(7-1)+6(10)=80, VF=80

C(K=2, V=4), C^{2+}(K=3, V=6)

Au(K =3.5, V=7), AuL(K=3.5-1=2.5, V=5)

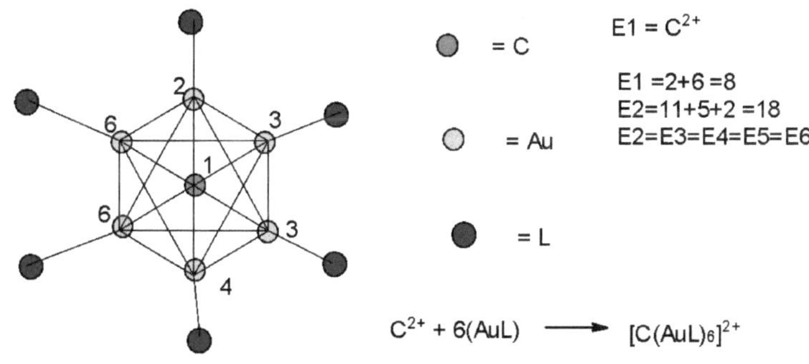

Isomeric graphical structure of $C(AuL)_6^{2+}$

CL-3

$(Cp^*Ru)_3Co(CO)_2(BH_3)(CO)$: K = 3[5-2.5]+1[4.5-2]+1[2.5-1.5-1] = 10, K(n) = 10(5),
S=4n+0, K = 2n+0, $Kp=C^1C[M4]$
Ve = 4n+0+4(10) = 4(5)+40 = 60
Ve = 8n-2K+40 = 8(5)-2(10)+40 = 60
Ve= 4+2x+2(n-1)+40= 4+2(4)+2(5-1)+40 = 4+8+8+40 = 60

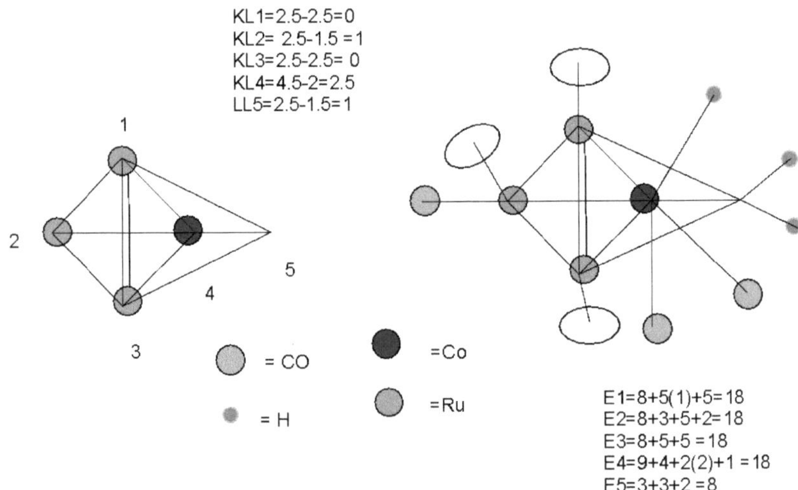

Isomeric graphical structure of $(Cp^*Ru)_3(Co)(CO)_3(BH_3)$

CL-4

$Au_6L_6^{2+}$: K=6[3.5]+2(0.5)-6 =16, K(n) =16(6), S =4n-8, K=2n+4, Kp = C^5C[M1]
Ve=14n-8 = 14(6)-8 = 76; VF=6[11]+6(2)-2 = 76
Ve =18n-2K =18(6)-2(16) = 76
Ve= 14+2x+12(n-1) = 14+2(1)+12(6-1) =14+2+60 =76

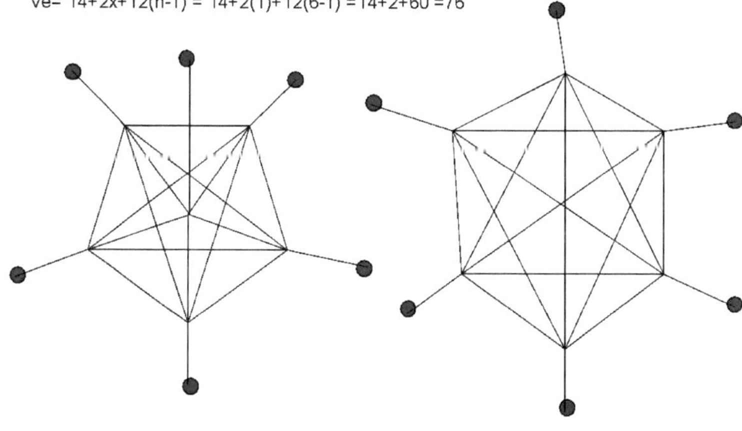

lSelected isomeric graphical structures of $Au_6L_6^{2+}$

$Au_8L_7^{2+}$: K=8[3.5]+2(0.5)-7 = 22, K(n) =22(8), S=4n-12, K =2n+6, Kp =C^7C[M1]
Ve =14n-12 =14(8)-12 = 100
Ve =18n-2K =18(8)-2(22) =100
Ve =14+2x+12(n-1) =14+2(1)+12(8-1) = 14+2+84 =100

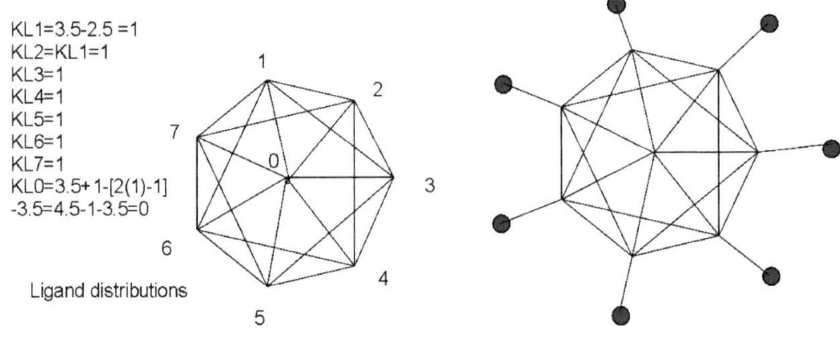

Isomeric graphical structure of $Au_8L_7^{2+}$

CL-6

$Au_9L_8^{3+}$:K =9[3.5]-8+1.5 = 25, K(n) =25(9), S =4n-14, K =2n+7, Kp = C^8C;M1]
8 CAPPING ELEMENTS AROUND A MONO-SKELETAL NUCLEUS.
Ve =14n-14 =14(9)-14 =112,VF=9[11]+8(2)-3 =112
Ve=18n-2K = 18(9)-2(25) =112
Ve=14+2x+12(n-1)=14+2(1)+12(9-1) =14+2+12(8) =112

KLN =1[3.5]+1.5-8[0.5]-[2(1)-1] =5-4-1 =0

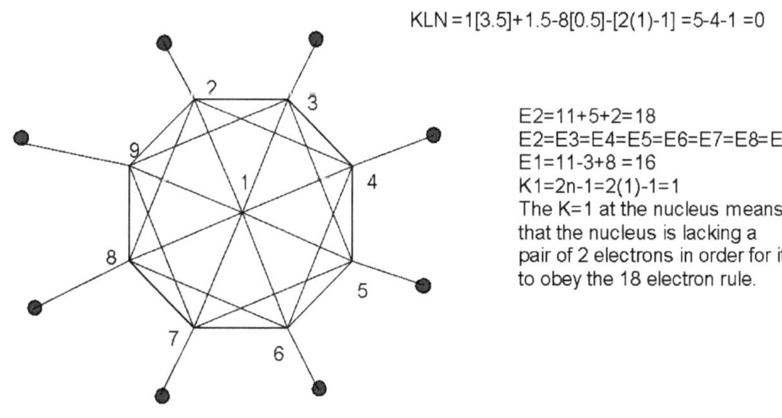

E2=11+5+2=18
E2=E3=E4=E5=E6=E7=E8=E9
E1=11-3+8 =16
K1=2n-1=2(1)-1=1
The K=1 at the nucleus means that the nucleus is lacking a pair of 2 electrons in order for it to obey the 18 electron rule.

Isomeric graphical structure of $Au_9L_8^{3+}$

CL-7

$Au_{10}L_6Cl_3^+$: K =10[3.5]-6-1.5+0.5= 28; K(n) =28(10), S =4n-16, K =2n+8, Kp=C^9C[M1]
Ve=14n-16 =14(10)-16 =124, VF=10[11]+6(2)+3-1=124
Ve=18n-2K =18(10)-2(28) =124
Ve=14+2x+12(12(n-1) =14+2(1)+12(10-1) = 14+2+108=124
CLUSTER HAS 9 SKELETAL ELEMENTS CAPPING ON 1 SKELETAL ELEMENT IN THE NUCLEUS.

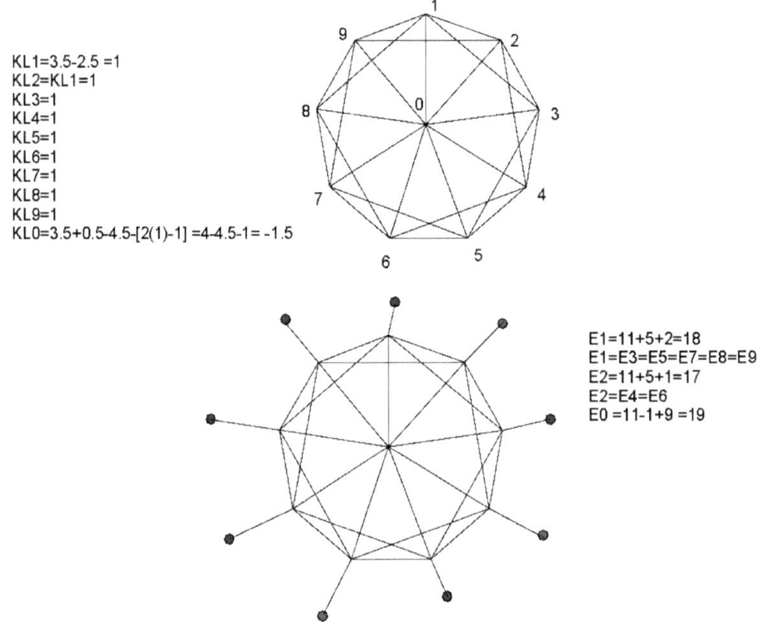

Isomeric graphical structure of $Au_{10}L_6Cl_3^+$

CL-8

$Au_7L_7^+$:K =7[3.5]+0.5-7 = 18(7); S= 4n-8,K =2n+4, Kp=C^5C[M2]
PENTA-CAPPED SERIES

Ve = 14n-4 =14(7)-8 = 90, VF = 7[11]+7(2)-1 = 90
Ve =18n-2K = 18(7)-2(18) = 90
Ve=14+2x+12(n-1) =14+2(2)+12(7-1) =90

KL N =2[3.5]+0.5-2.5-3 =2

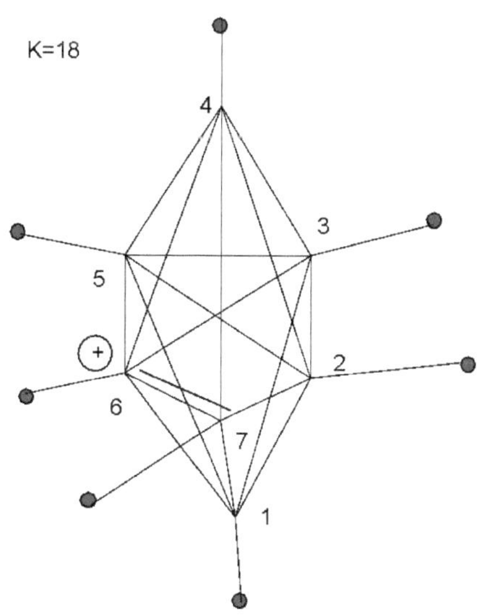

E1=11+5+2=18
E2=11+5+2=18
E3=11+5+2=18
E4=11+5+2=18
E5=11+5+2=18
E6=11+6-1+2=18
E7=11+5+2=18
Each node obeys the 18 electron rule.

Isomeric graphical structure of Au_7L_7*

CL-9

$Au_7L_7^+$: $K = 7[3.5]+0.5-7 = 18(7)$; $S = 4n-8$, $K = 2n+4$, $K = C^5C[M2]$
PENTA-CAPPED SERIES

$Ve = 14n-4 = 14(7)-8 = 90$, $VF = 7[11]+7(2)-1 = 90$
$Ve = 18n-2K = 18(7)-2(18) = 90$
$Ve = 14+2x+12(n-1) = 14+2(2)+12(7-1) = 90$

$KL\ N = 2[3.5]+0.5-2.5-3 = 2$

$E1 = 11+5+2 = 18$
$E1 = E2 = E3 = E4 = E5$
Each node obeys 18 electron rule.
The nucleus has 2 skeletal elements bound by a triple bond.

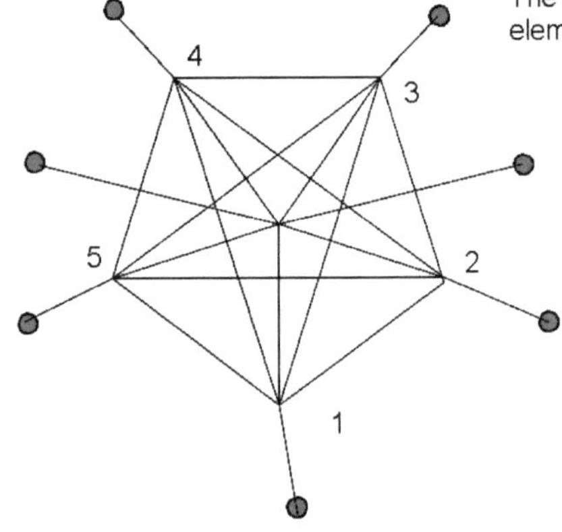

Isomeric graphical structure of $Au_7L_7^*$

CL-10

$Au_{11}L_7X_3$: K=11[3.5]-7-1.5 =30; K(n) =30(11), S =4n-16, K =2n+8, Kp=C^9C[M2]
Ve = 14n-16 = 14(11)-16=138, VF=11[11]+7(2)+3 =138
Ve = 18n-2K = 18(11)-2(30) =138
Ve=14+2x+12(n-1) = 14+2(2)+12(11-1) = 14+4+12(10) = 138

AS IN PREVIOUS CASE, ALL PERIPHERY KL VALUES = 1 EACH.

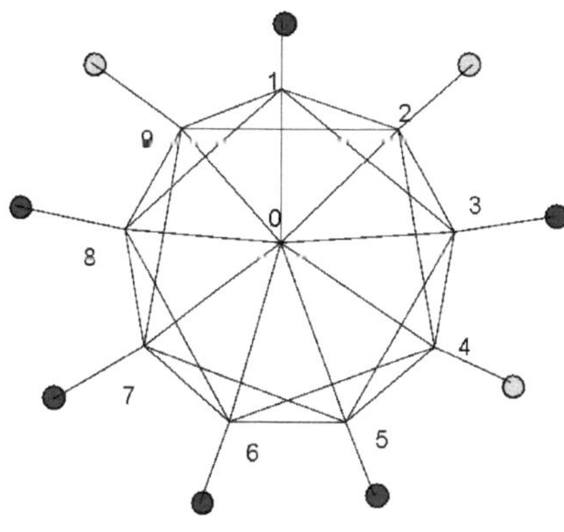

KL0 = 2[3.5]-4.5-[2(2)-1] = 7-4.5-3= -0.5
KLT=9-0.5 = 8.5

E1-11+5+2=18
E1=E3=E5=E6=E7=E8
E2=11+5+1=17
E2=E4=E9
E0=[M2], K=2n-1 =2(2)-1 =3
The nucleus has 2 skeletal elements bound by a tripple bond. This means the 2 elements are short of 3 electron pairs in order to achieve 18 electron rule.

Isomeric graphical structure of $A_{11}L_7X_3$

CL-11

$Au_{12}L_{10}Cl^{3+}$: K = 12[3.5]-10-0.5+1.5 = 33; K(n) = 33(12) , S=4n-18, K = 2n+9, Kp = $C^{10}C$[M2]
Ve = 14n-18 = 14(12)-18 = 150, VF= 12[11]+10(2)+1-3 = 150
Ve = 18n-2K = 18(12)-2(33) = 150
Ve = 14+2x+12(n-1) = 14+2(2)+12(12-1) = 14+4+12(11)=150

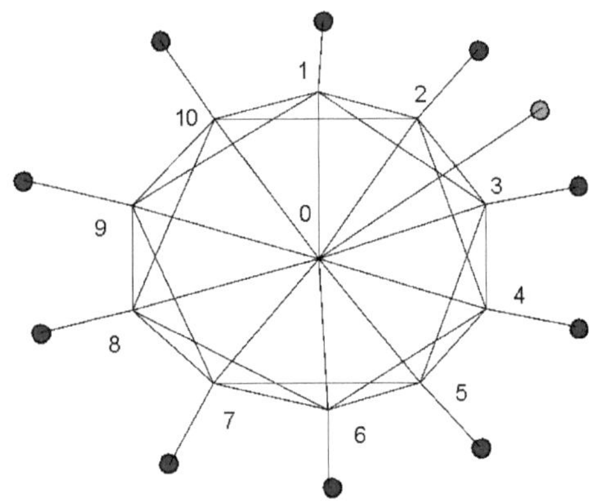

Isomeric graphical structure of $Au_{12}L_{10}Cl^{3+}$

KL0 = 2[3.5]+1.5-5-[2(2)-1]
=8.5-5-3=0.5
EACH VERTX ON PERIPHERY
, KL= 1
KLT = 10+0.5 = 10.5
THIS CORRESPONDS TO
10L+Cl

E1= 11+5+2= 18
E1= E2= E3= E4= E5= E6= E7= E8
=E9=E10
E0=[M2], K = 2n-1 = 2(2)-1=3
This means that the nucleus has two skeletal elements linked by a tripple bond and a halide ligand is attached to one of them. Thus, they need 6-1=5 electrons in order for each one of them to achieve an 18 electron rule configuration.

CL-12

$Au_{13}L_{10}Cl_2^{3+}$: K = 13[3.5]-10-1+1.5 =36, K(n) =36(13), S =4n-20, K =2n+10, Kp =C^{11}C[M2]
Ve =14n-20 =14(13)-20=162, VF=13[11]+10(2)+2-3=162
Ve=18n-2K =18(13)-2(36)=162
Ve=14+2x+12(13-1)=14+2(2)+12(12) = 162

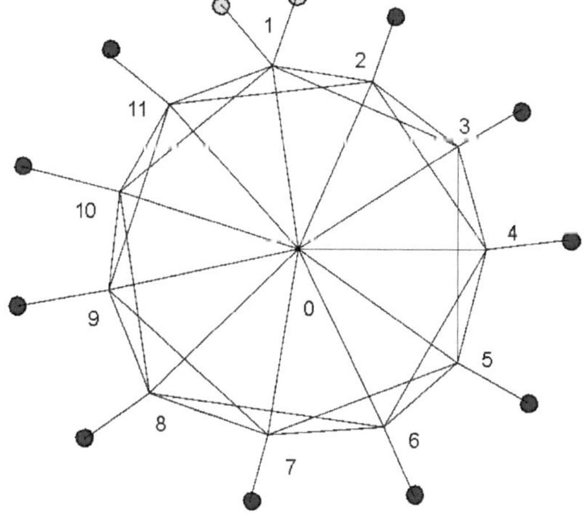

KL0 =2[3.5]+1.5-5.5-[2(2)-1]
=7+1.5-5.5-3=8.5-8.5 =0
KLT=11

E1=11+5+1+1=18
E2=11+5+2=18
E3=11+5+2=18
E4=11+5+2=18
E5=11+5+2=18
E6=11+5+2=18
E7=11+5+2=18
E8=11+5+2=18
E9=11+5+2=18
E10=11+5+2=18
E11=11+5+2=18
All capping elements obey the18 rule.
The 2 nulear elements are bound by a triple bond.

isomeric graphical structure of $Au_{13}L_{10}Cl_2^{3+}$

CL-13

2.15 SPÓJRZMY NA ZESTAW KLASTRÓW M2(CP*)2B4H8: M =IR, RU, RE I CR

Jak widać, składowa klastrów, czyli $(Cp^*)_{2B4H8}$, nie uległa zmianie. To, co się zmienia, to metaliczny element M2. Wartości K metali(M) wynoszą odpowiednio 4,5, 5, 5,5 i 6. Wartości K dla odpowiedniego fragmentu M2 wynoszą 9, 10, 11 i 12. Oznacza to, że wraz z przejściem z klastra Ir do klastra Ru do klastra Re i Cr, wskaźnik ograniczenia (y) w Kp= CyC[Mx] wzrasta o 1 wraz ze wzrostem wartości K. Jednocześnie indeks jądrowy(x) maleje od y+x = n(n= liczba pierwiastków szkieletowych), który jest stały w tym przypadku n =2+4 =6(suma 2 pierwiastków metalowych i 4 pierwiastków szkieletowych boru). Analiza i kategoryzacja klastrów została przeprowadzona i jest podana w CL-14 do CL-18. Wartości K dla klastrów wynoszą 10, 11, 12 i 13. Odpowiednie serie są: S= 4n+4, Kp = C-1C[M7] dla klastra Ir; S=4n+2, Kp = C0C[M6] dla klastra Ru; S =4n+0, Kp = C1C[M5]dla klastra Re, czyli bipiramida trygonalna jednoczęściowa i S=4n-2, Kp= C2C[M4], czyli dwuścian nienasycony. Jeśli przeanalizujemy te wyniki używając Kp= CyC[Mx] jako przewodnika, najpierw monitorujmy sekwencję serii capping: Klaster Ir; S=4n+4, Kp= C-1C[M7]; klaster Ru; S=4n+2, Kp = C0C[M6]; klaster Re; S=4n+0, Kp= C1C[M5]; klaster Cr; S=4n-2, Kp = C2C[M4]. Jak widać, jeśli umieścimy y i x obok siebie, w następujący sposób (y,x): (-1, 7)→(0,6) →(1, 5) →(2, 4); y+x=n=6; zatem wraz ze wzrostem y o 1, x również zmniejsza się o 1. Pierwszy zestaw (-1, 7) reprezentuje idealną strukturę izomeryczną piramidy pięciokątnej, (0, 6) odpowiada ośmiościanowi, (1,5) przewiduje bipiramidę trygonalną jednoramienną i (2, 4) odpowiada dwuścianowi nienasyconemu. Szczegóły analizy izomerycznych struktur graficznych przedstawione są w CL-14 do CL-18.

$(Cp^*M)_2B_4H_8$

$(Cp^*Ir)_2B_4H_8$: K =2[4.5-2.5]+4[2.5]-8(0.5) = 10, K(n) =10(6); S = 4n+4, K =2n-2, Kp =C^{-1}C[M7]
Ve=4n+4+2(10) = 4(6)+4+20 = 48
Ve =8n-2K+2(10) = 8(6)-2(10)+20 = 48
Ve= 4+2x+2(n-1)+20 = 4+2(7)+2(6-1)+20 = 48

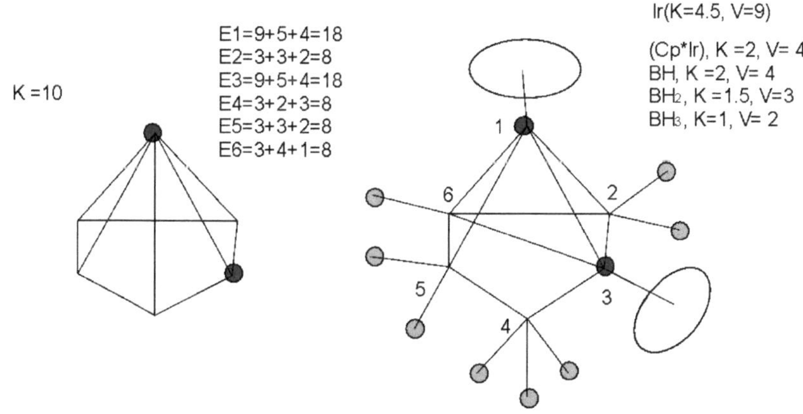

Rearranged isomeric graphical structure of $(Cp^*ir)_2B_4H_8$

CL-14

$(Cp^*M)_2B_4H_8$

$(Cp^*Ru)_2B_4H_8$:K =2[5-2.5]+4[2.5]-8(0.5) = 11, K(n) =11(6); S = 4n+2, K =2n-1, Kp =C^0C[M6]
Ve=4n+2+2(10) = 4(6)+2+20 = 46
Ve =8n-2K+2(10) = 8(6)-2(11)+20 = 46
Ve= 4+2x+2(n-1)+20 = 4+2(6)+2(6-1)+20 = 46

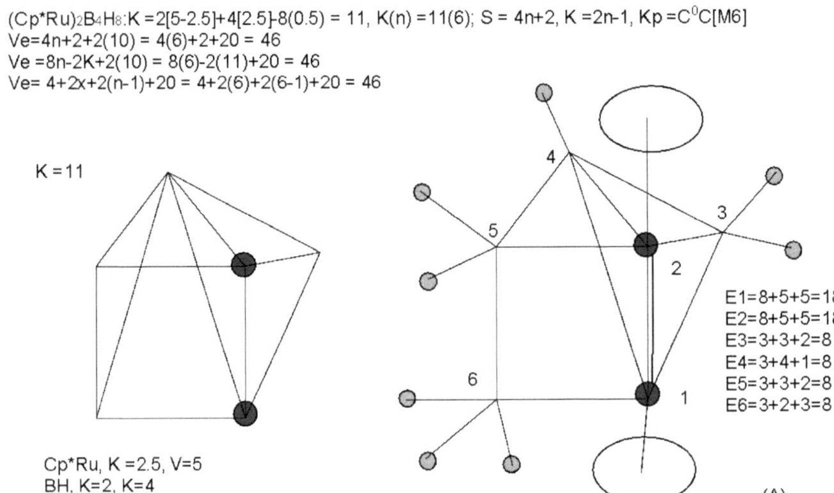

Rearranged raw isomeric graphical structure of $(Cp^*Ru)_2B_4H_8$

CL-15

$(Cp^*M)_2B_4H_8$

$(Cp^*Ru)_2B_4H_8$:K =2[5-2.5]+4[2.5]-8(0.5) = 11, K(n) =11(6); S = 4n+2, K =2n-1, Kp =C^0C[M6]
Ve=4n+2+2(10) = 4(6)+2+20 = 46
Ve =8n-2K+2(10) = 8(6)-2(11)+20 = 46
Ve= 4+2x+2(n-1)+20 = 4+2(6)+2(6-1)+20 = 46

K =11

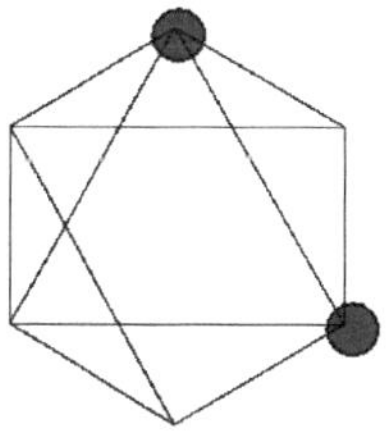

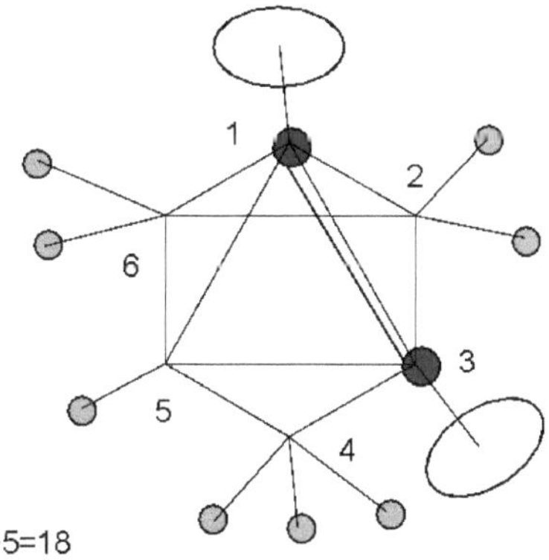

1 2 6 3 5 4

Ru(K=5, V=10)

Cp*Ru, K =2.5, V=5
BH, K=2, K=4
BH_2, K =1.5, V= 3
BH_3, K=1, V=2

E1=8+5+5=18
E2=3+3+2=8
E3=8+5+5=18
E4=3+2+3=8
E5=3+4+1=8
E6=3++3+2 =8

(B)

Rearranged raw isomeric graphical structure of $(Cp^*Ru)_2B_4H_8$

CL-16

$(Cp^*M)_2B_4H_8$

$(Cp^*Re)_2B_4H_8$: K =2[5.5-2.5]+4[2.5]-8(0.5) = 12, K(n) =12(6); S = 4n+0, K =2n+0, Kp =$C^1C[M5]$
Ve=4n+0+2(10) = 4(6)+0+20 = 44
Ve =8n-2K+2(10) = 8(6)-2(12)+20 = 44
Ve= 4+2x+2(n-1)+20 = 4+2(5)+2(6-1)+20 = 44

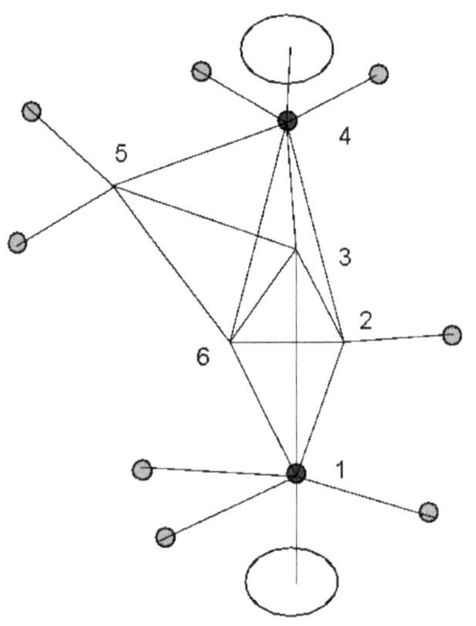

Re(K=5.5, V=11)
Cp*Re(K=5.5-2.5=3, V=6)
B(K =2.5, V=5
BH(K=2.5-0.5=2, V=4
BH_2(K=2.5-1=1.5, V=3)

E1=7+3+3+5=18
E2=3+4+1=8
E3 =3+5=8
E4=7+4+2+5=18
E5=3+3+2=8
E6=3+5=8

Possible isomeric graphical structure of $(Cp^*Re)_2B_4H_8$

CL-17

$(Cp^*M)_2B_4H_8$

$(Cp^*Cr)_2B_4H_8$:K =2[6-2.5]+4[2.5]-8(0.5) = 13, K(n) =13(6); S = 4n-2, K =2n+1, Kp =C^2C[M4]
Ve=4n-2+2(10) = 4(6)-2+20 = 42
Ve =8n-2K+2(10) = 8(6)-2(13)+20 = 42
Ve= 4+2x+2(n-1)+20 = 4+2(4)+2(6-1)+20 = 42

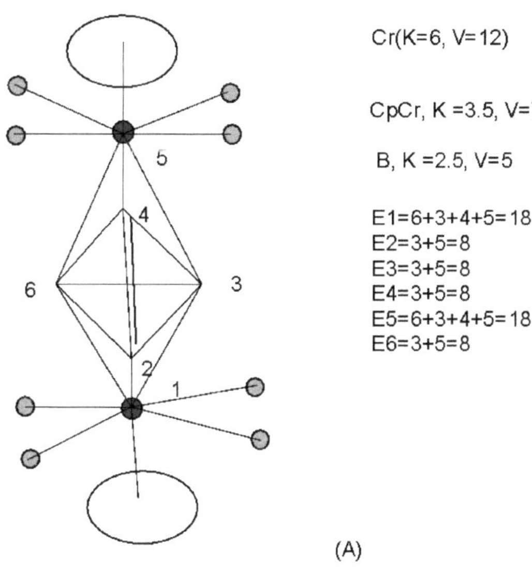

Raw possible isomeric graphical structure of $(Cp^*Cr)_2B_4H_8$

CL-18

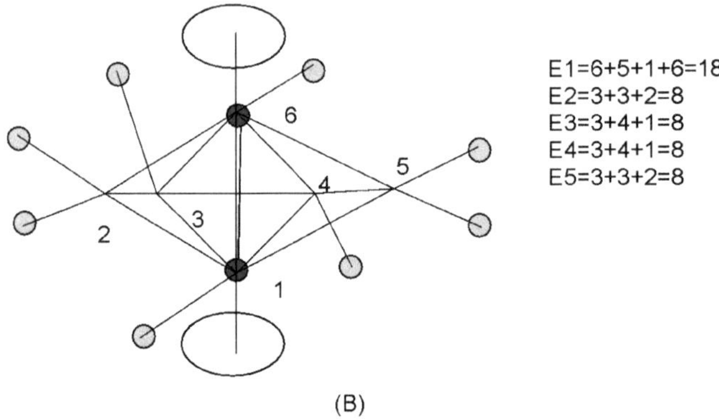

Raw isomeric graphical structure of $(Cp^{*}Cr)_2B_4H_8$

CL-18

2.16 KLASTRY CL-19 DO CL-23

Jest to połączenie 8 metali przejściowych z grupą 15 i 16 elementów szkieletowych. Dla grupy 8 elementów przejściowych K = 5 z walencją V= 10, dla grupy 15, K= 1,5 z V= 3 i grupy 16, K=1 z V=2. WALENCJA V PRZEDSTAWIA DZIAŁALNOŚĆ pojęcie stosowane w teorii grafów matematycznych. Struktury izomeryczne wskazane w CL-19 do CL-23 są ilustracją koncepcji walencji i wartości K wyprowadzonej z szeregów. Klastry zostały również skategoryzowane.

$Ru_5(CO)_{15}(PR)$: K= 5[5]-15+1[1.5-0.5] = 11, K(n) =11(6), S =4n+2, K =2n-1, Kp =C^0C[M6]

Ve= 14n+2+1(-10) =14(6)+2-10 =76
Ve =18n-2K+1(-10) =18(6)-2(11)-10 =76
Ve =14+2x+12(n-1)-10=14+2(6)+12(6-1)-10 = 76

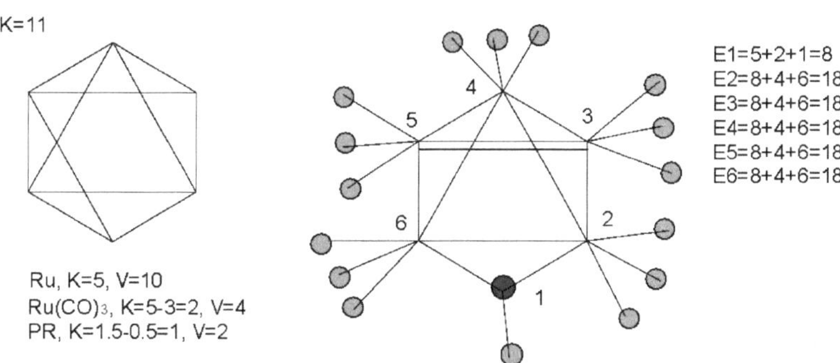

Rearranged isomeric graphical strcture of $Ru_5(CO)_{15}(PR)$

CL-19

$Fe_4(CO)_{11}(PR)_2$: K =4[5]-11+2[1.5-0.5] = 11;K(n) =11(6), S= 4n+2, K =2n-1, Kp =C^0C[M6]
Ve=14n+2+2(-10) =14(6)+2-20 =66
Ve =18n-2K+2(-11) =18(6)-2(11)-20 = 66
Ve =14+2x+12(n-1)+2(-10) =14+2(6)+12(5)-20 =66

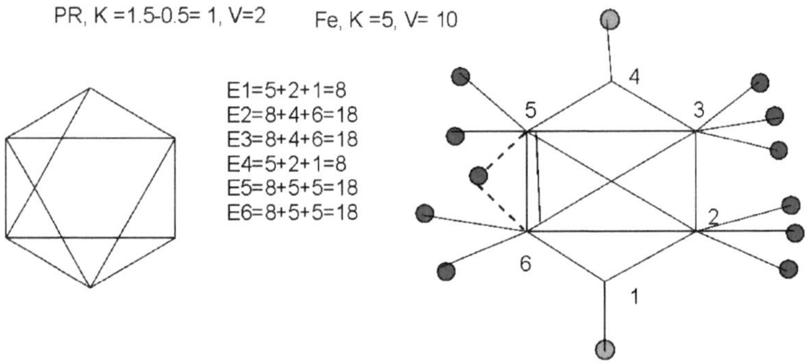

Rearranged isomeric graphical structure of $Fe_4(CO)_{11}(PR)_2$

CL-20

$Fe_4(CO)_{12}(PR)_2$: K =4[5]-12+2[1.5-0.5] = 10;K(n) =10(6), S= 4n+4, K =2n-2, Kp =$C^{-1}C$[M7]
Ve=14n+4+2(-10) =14(6)+4-20 =68
Ve =18n-2K+2(-10) =18(6)-2(10)-20 = 68
Ve =14+2x+12(n-1)+2(-10) =14+2(7)+12(5)-20 =68

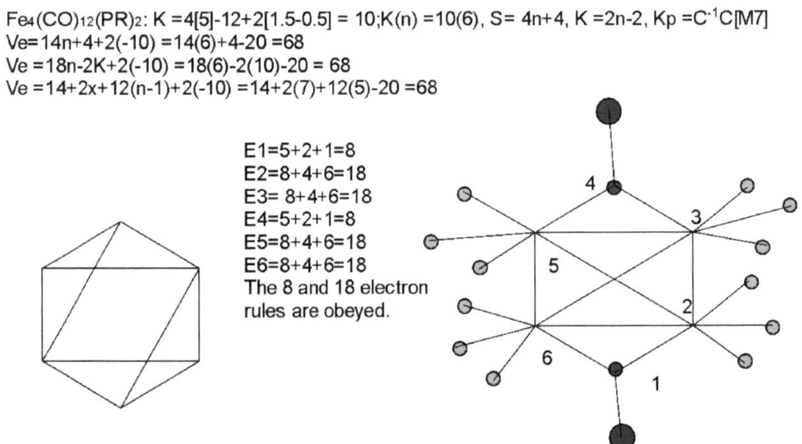

Rearranged isomeric graphical structure of $Fe_4(CO)_{12}(PR)_2$

CL-21

$Ru_5(CO)_{15}(S)$: K=5[5]-15+1[1] =11, K(n) =11(6), S=4n+2, K =2n-1, Kp =C^{0}C[M6]
Ve= 14n+2+1(-10) =14(6)+2-10 =76
Ve=18n-2K+1(-10) =18(6)-2(11)-10 =76
Ve=14+2x+12(n-1)+1(-10) =14+2(6)+12(6-1)-10=76

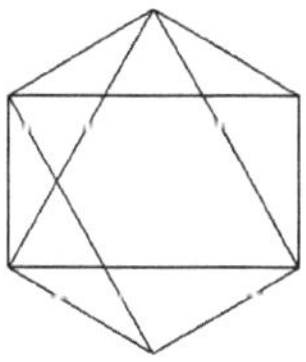

K=11

Ru; K =5, V=10
$Ru(CO)_3$; K =5-3= 2, V=4
S; K =1, V=2

E1=6+2=8
E2=8+4+6=18
E3=8+4+6=18
E4=8+4+6=18
E5=8+4+6=18
E6=8+4+6=18
The 18 and 8 electron rules are obeyed.

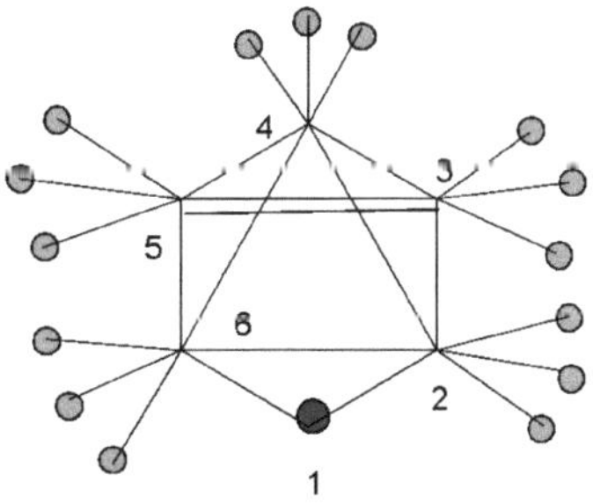

Rearranged isomeric graphical structure of $Ru_5(CO)_{15}(S)$

CL22

$Ru_4(CO)_{12}Bi_2$: K = 4[5]-12+2[1.5]= 11, K(n) = 11(6), S=4n+2, K = 2n-1, Kp = C^0C[M6]
Ve= 14n+2+2(-10) = 14(6)+2-20 = 66
Ve= 18n-2K+2(-10) = 18(6)-2(11)--20 = 66
Ve= 14+2x+12(n-1)+2(-10) = 14+2(6)+12(6-1)+2(-10) = 14+12+60-20 = 66

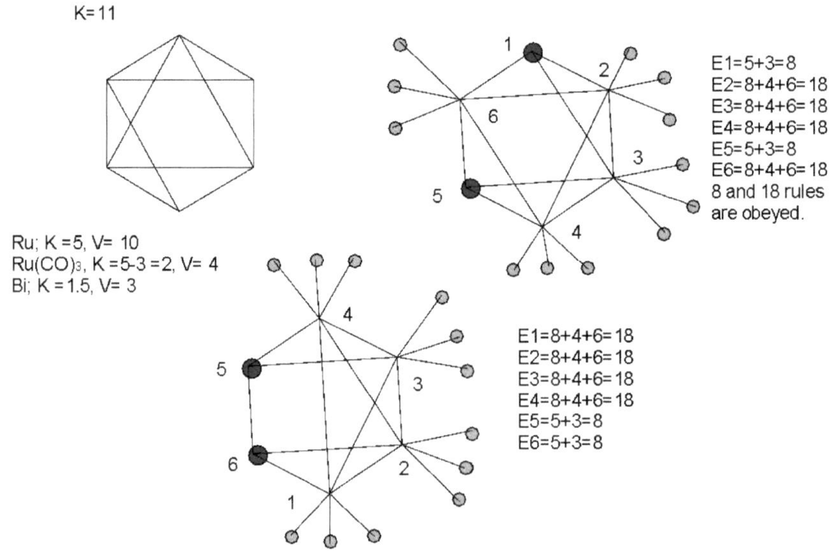

Isomeric graphical structures of $Ru_4(CO)_{12}Bi_2$

2.17 SERIA KLASTRÓW (RECP*)2(BH)M, M=6-10

Klastry te można skategoryzować za pomocą metody serii 4N. Odbywa się to poprzez użycie liczb szkieletowych do obliczenia parametru K(n) każdego klastra. Jak widać, wszystkie klastry są trójstronnie zamknięte. Używając symbolu capping Kp = CyC[Mx], gdzie y jest indeksem capping, a x indeksem nuklearności, możemy wydedukować zależność

n = y+x. Ponieważ y jest stałe, ponieważ zwiększamy liczbę elementów szkieletowych n, to x musi się zwiększyć. To właśnie zaobserwowano w serii [Mx] ; [M5]→[M6] →[M7] →[M8] →[M9]. Należy zaznaczyć, że [Mx] reprezentuje serię boran closo. Stąd też klastry, w których y≥1 można uznać za podobne do serii closo borane [M1] =BH2-, [M2]=B2H22-,[M3]=B3H32-, [M4]=B4H42-, [M5]=B5H52-, [M6]=B6H62-,[M7]=B7H72-, [M8]=B8H82-, [M9]=B9H92-, [M10] =B10H102-, [M11] = B11H112-, [M12]=B12H122-, [M13] =B13H132-, [M14] =B14H142-. I tak dalej.

Kp = CyC[Mx], y+x =n; y→indeks ograniczający, x→indeks zarodkowości

$(ReCp^*)_2(BH)_6$: K=2[5.5-2.5]+6[2.5-0.5]=18, K(n) =18(8), S=4n-4, K=2n+2, Kp = C3C[M5].

$(ReCp^*)_2(BH)_7$: K=2[5.5-2.5]+7[2.5-0.5]=20, K(n) =20(9), S=4n-4, K=2n+2, Kp = C3C[M6].

$(ReCp^*)_2(BH)_8$: K=2[5.5-2.5]+8[2.5-0.5]=22, K(n) =22(10), S=4n-4, K=2n+2, Kp = C3C[M7].

$(ReCp^*)_2(BH)_9$: K=2[5.5-2.5]+9[2.5-0.5]=24, K(n) =24(11), S=4n-4, K=2n+2, Kp = C3C[M8].

$(ReCp^*)_2(BH)_{10}$: K=2[5.5-2.5]+10[2.5-0.5]=26, K(n) =26(12), S=4n-4, K=2n+2, Kp = C3C[M9].

Szczegóły kategoryzacji i analizy klastrów przedstawione są w CL-24-CL33, a także odpowiadające im graficzne struktury izomeryczne. Wizualna reprezentacja procesu nakładania pułapek przedstawiona jest na schemacie 10.

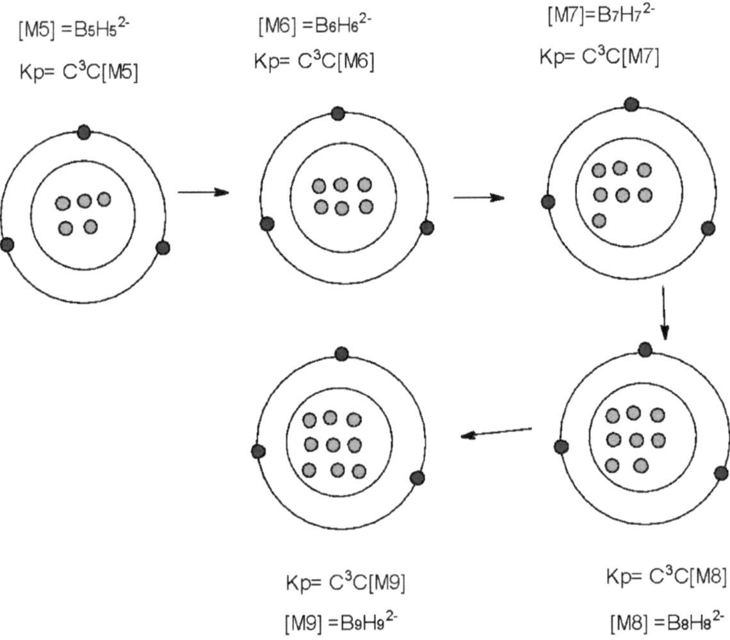

Tri-capped capping series

$(ReCp^*)_2(BH)_6$: K =2[5.5-2.5]+6[2.5-0.5] = 18, K(n)=18(8), S=4n-4, K=2n+2, Kp=C^3C[M5]
Ve=4n-4+2(10) =4(8)-4+20=48, VF=2[7+5]+6[4]=48
Ve=8n-2K+2(10) =8(8)-2(18)+20 =48
Ve =4+2x+2(n-1)+2(10) = 4+2(5)+2(8-1)+20 = 48

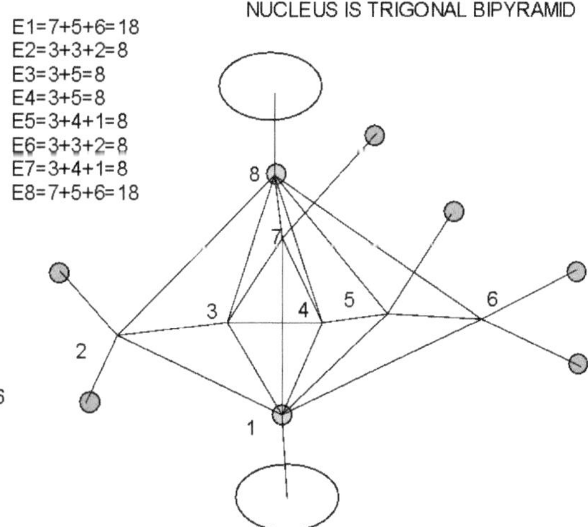

Re: K=5.5, V=11
ReCp*: K=5.5-2.5=3, V=6
B: K=2.5, V=5
BH: K =2.5-0.5=2, V=4
BH_2: K =1.5, V=3

Raw isomeric graphical structure of $(ReCp^*)_2(BH)_6$

CL-24

$(CpRe)_2(BH)_6$ K =2[5.5-2.5]+6[2.5-0.5] =18,K(n) = 18(8), S = 4n-4, K =2n+2, Kp =C^3C[M5]

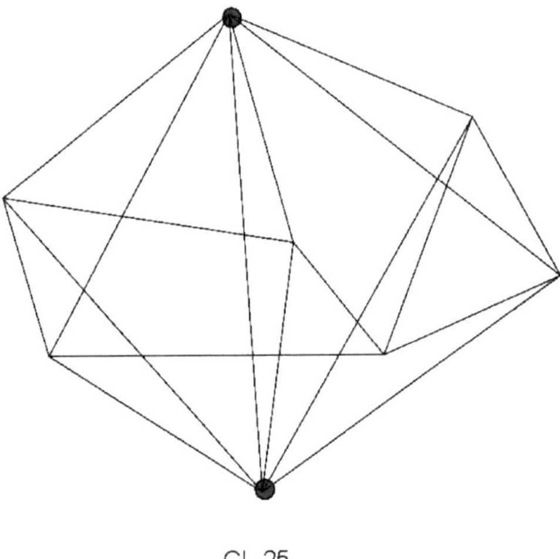

CL-25

$(ReCp^*)_2(BH)_7$: K = 2[5.5-2.5]+7[2.5-0.5] = 20, K(n)=20(9), S=4n-4, K=2n+2, Kp=C^3C[M6]
Ve=4n-4+2(10) =4(9)-4+20=52, VF=2[7+5]+7[4]=52
Ve=8n-2K+2(10) =8(9)-2(20)+20 =52
Ve =4+2x+2(n-1)+2(10) = 4+2(6)+2(9-1)+20 = 52

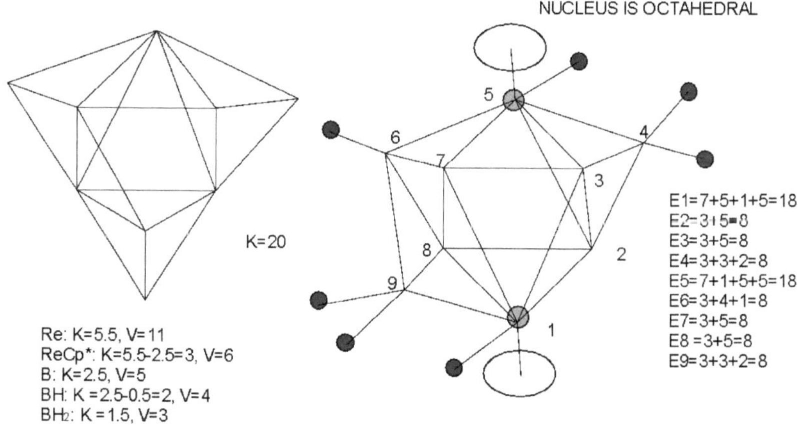

Raw isomeric graphical structure of $(ReCp^*)_2(BH)_7$

CL-26

$(CpRe)_2(BH)_7$: K =2[5.5-2.5]+7[2.5-0.5] =20,K(n) = 20(9), S = 4n-4, K =2n+2, Kp =C^3C[M6]

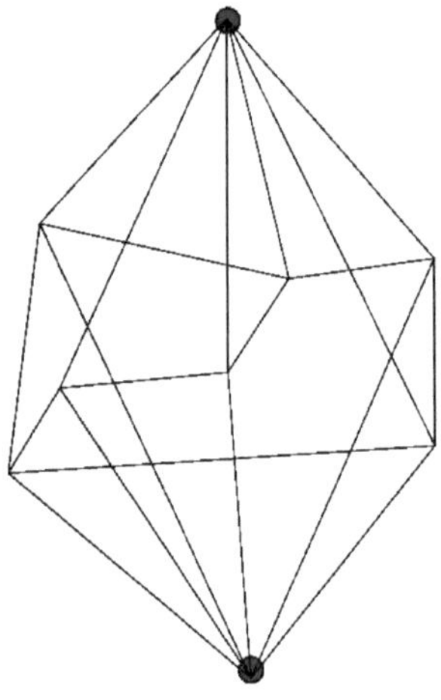

CL-27

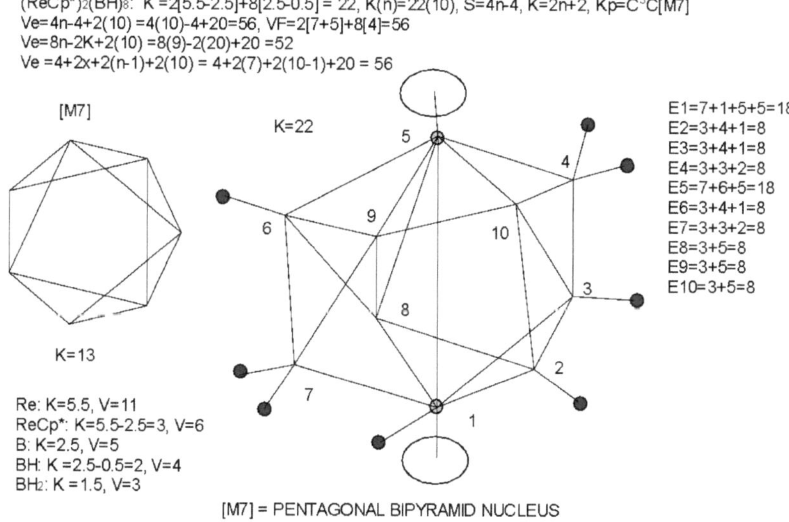

Raw isomeric graphical structure of $(ReCp^*)_2(BH)_8$

CL-28

$(CpRe)_2(BH)_8$ K =2[5.5-2.5]+8[2.5-0.5] =22,K(n) = 22(10), S = 4n-4, K =2n+2, Kp =C^3C[M7]

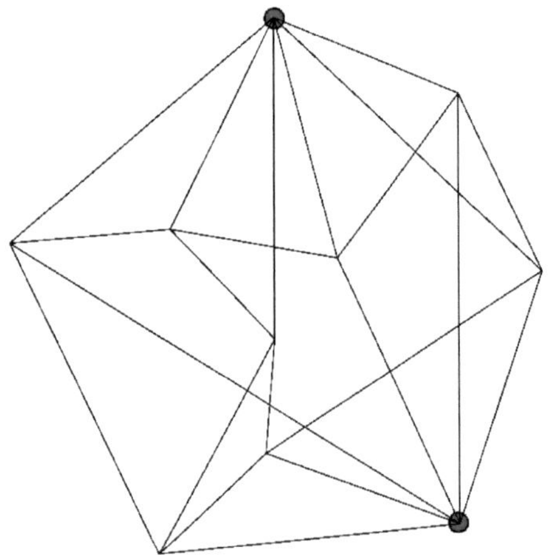

CL-29

$(ReCp^*)_2(BH)_9$. K =2[5.5-2.5]+9[2.5-0.5] = 24, K(n)=24(11), S=4n-4, K=2n+2, Kp=C3C[M 8]
Ve=4n-4+2(10) =4(11)-4+20=60, VF=2[7+5]+9[4]=60
Ve=8n-2K+2(10) =8(11)-2(24)+20 =60
Ve =4+2x+2(n-1)+2(10) = 4+2(8)+2(11-1)+20 = 60

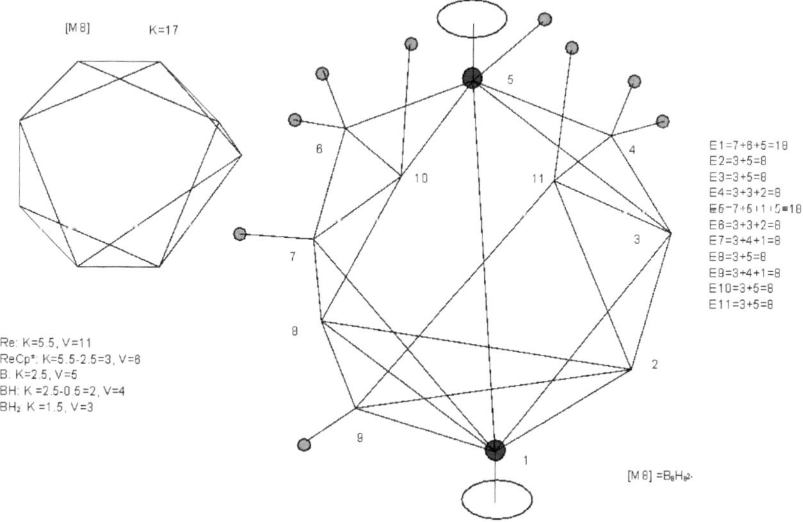

Raw isomeric graphical structure of $(ReCp^*)_2(BH)_8$

CL-30

$(CpRe)_2(BH)_9$ K =2[5.5-2.5]+9[2.5-0.5] =24, K(n) = 24(11), S = 4n-4, K =2n+2, Kp =C^3C[M8]

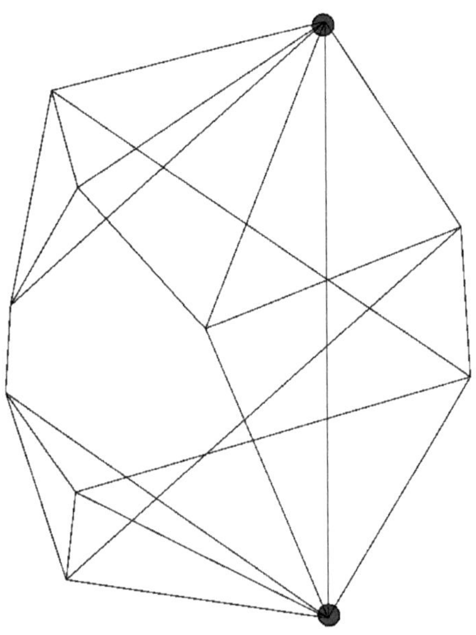

CL-31

$(ReCp^*)_2(BH)_{10}$: K =2[5.5-2.5]+10[2.5-0.5] = 26, K(n)=26(12), S=4n-4, K=2n+2, Kp=C^{3}C[M9]
Ve=4n-4+2(10) =4(12)-4+20=64, VF=2[7+5]+10[4]=64
Ve=8n-2K+2(10) =8(12)-2(26)+20 =64
Ve =4+2x+2(n-1)+2(10) = 4+2(9)+2(12-1)+20 = 64

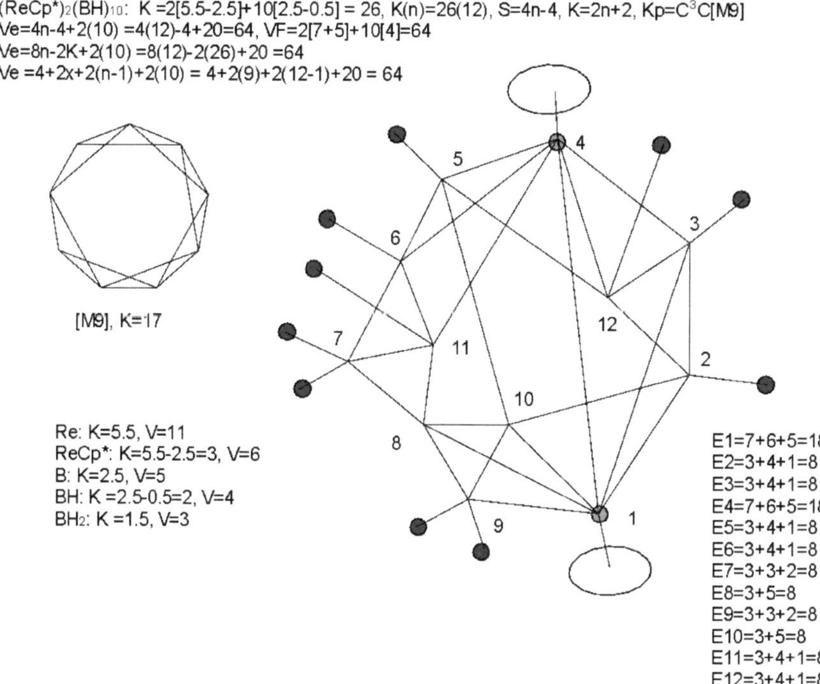

Raw isomeric graphical structure of $(ReCp^*)_2(BH)_{10}$

CL-32

$(CpRe)_2(BH)_{10}$ K =2[5.5-2.5]+10[2.5-0.5] =26,K(n) = 26(12), S = 4n-4, K =2n+2, Kp =C^3C[M9]

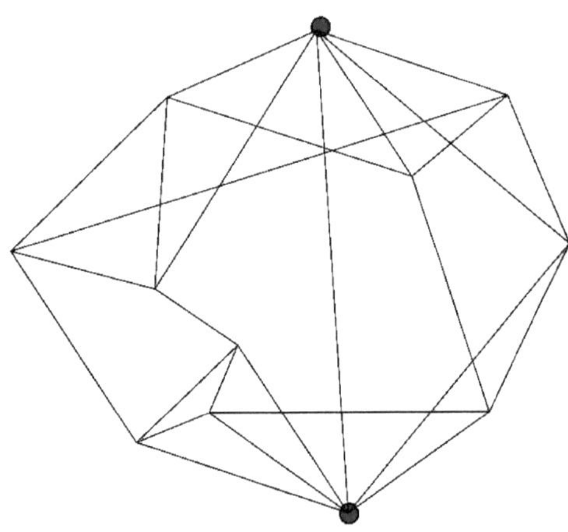

CL-33

2.18 SERIA B9

Klaster B9Cl9: K=9[2.5]-4.5= 18, K(n) =18(9), S=4n+0, Kp =C1C[M8]. Można to uznać za jednoczęściowy dodecahedron. W tym przypadku Cl jest uważany za pojedynczy ligand dawcy elektronów w taki sam sposób jak atom H. Tak więc, B9Cl9 zachowuje się tak samo jak B9H9. Postępując zgodnie z podejściem seryjnym, musimy najpierw skonstruować jednostkę [M8], a następnie dodać element ograniczający. Dla wewnętrznego klustera [M8] należy on do serii closo, S=4n+2, K=2n-1 =2(9)-1 =17, stąd K(n) =17(9). Kiedy to zostanie zrobione i dodany zostanie element ograniczający, otrzymamy graficzną strukturę szkieletową klastra. Ostatnim krokiem jest dodanie na ligandach, aby uzyskać ostateczną strukturę. Szczegóły dotyczące klastra są pokazane w CL-34.

Klaster B9H92-: K=9[2.5]-4.5-1=17, K(n)=17(9), S=4n+2(CLOSO FAMILY), Kp = C0C[M8]. Klaster przybiera kształt dodekahedronu. Klaster został poddany analizie, a jego graficzna struktura izomeryczna została naszkicowana w CL-35.

Klaster B9-: K = 9[2.5]-0.5 =22, K(n)=22(9), S=4n-8, K=2n+4, Kp=C5C[M4]; oznacza to, że jest to klaster z "nienasyconym" czworościanem, który jest zamknięty penta-ścianem. Jego analiza i struktura graficzna podana jest w CL-36.

Klaster B82-: K =8[2.5]-1 =19,K(n) =19(8), S=4n-6, K=2n+3, Kp = C4C[M4]; jest to czworościan "nienasycony" o czworokącie wierzchołkowym. Jego analiza i graficzny kształt izomeryczny jest szkicowany w CL-37. Należy on do tej samej grupy klastrów [M4] co B9-.

B_9Cl_9: K =9[2.5]-9(0.5)= 18, K(n) =18(9), S=4n+0, K=2n+0, Kp = C^1C[M8],
Ve = 4n+0 =4(9)+0 =36;
Ve =8n-2K=8(9)-2(18) =36;
Ve =4+2x+2(n-1) =4+2(8)+2(9-1)= 36

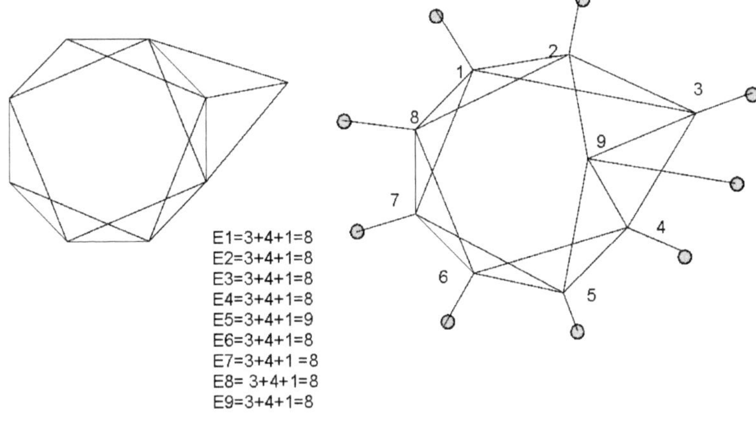

Isomeric skeletal graph of B_9Cl_9

CL-34

$B_9H_9^{2-}$: K =9[2.5]-9(0.5)-2(0.5)=17, K(n) = 17(9), S =4n+2, CLOSO
K = 2n-1, Kp =C^0C[M9]
Ve = 4n+2 =4(9)+2 =38
Ve =8n-2K = 8(9)-2(17) = 38
Ve =4+2x+2(n-1) = 4+2(9)+2(9-1) = 4+12+2(8) = 38

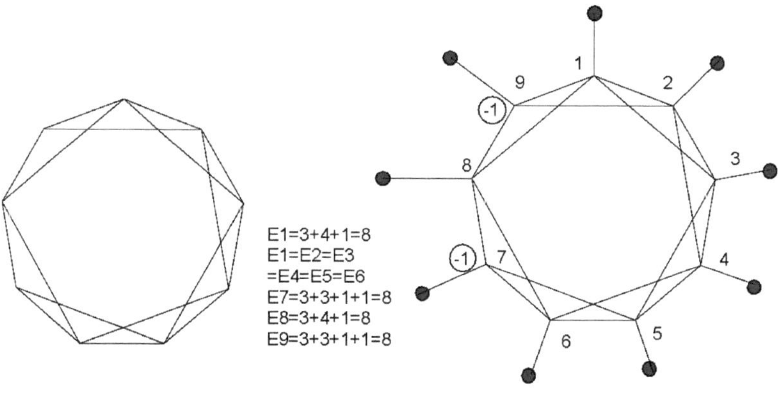

CL-35

Graficzna struktura izomeryczna B9H92-

B_9^-: K =9[2.5]-0.5 = 22, K(n) = 22(9), S=4n-8, K =2n+4, Kp=C^5C[M4]
Ve =4n-8=4(9)-8 = 28
Ve=8n-2K =8(9)-2(22) =28
Ve=4+2x+2(n-1) =4+2(4)+2(9-1) =4+8+16=28

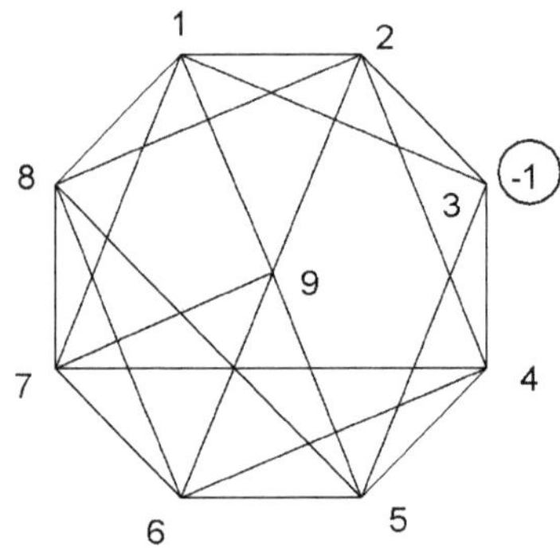

E1=3+5=8
E2=3+5=8
E3=3+4+1=8
E4=3+5=8
E5=3+5=8
E6=3+5=8
E7=3+5=8
E8=3+5=8
E9=3+5=8

CL-36

B_8^{2-}: 8[2.5]-1= 19, K(n) =19(8), S=4n-6, K=2n+3, Kp =C^4C[M4]
Ve =4n-6 =4(8)-6 =26
Ve =8n-2K = 8(8)-2(19) = 26
Ve = 4+2x+2(n-1) = 4+2(4)+2(8-1) = 4+8+2(7) =26

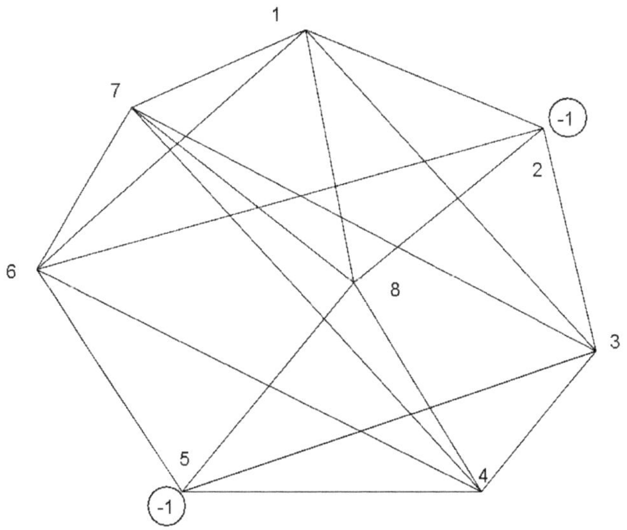

E1=3+5=8
E2=3+4+1=8
E3=3+5=8
E4=3+5=8
E5=3+4+1=8
E6=3+5=8
E7=3+3=8
E8=3+5=8

1
7
-1
2
6
8
3
5
4
-1

B_9^-: K =9[2.5]-0.5 = 22, K(n) = 22(9), S=4n-8, K =2n+4, Kp=C^5C[M4]
Ve =4n-8=4(9)-8 = 28
Ve=8n-2K =8(9)-2(22) =28
Ve=4+2x+2(n-1) =4+2(4)+2(9-1) =4+8+16=28

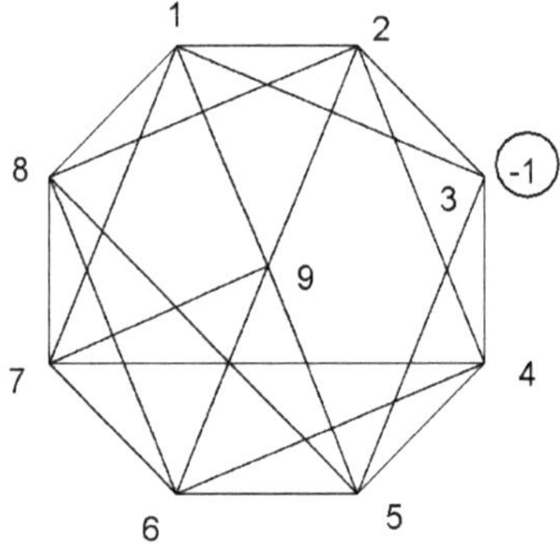

E1=3+5=8
E2=3+5=8
E3=3+4+1=8
E4=3+5=8
E5=3+5=8
E6=3+5=8
E7=3+5=8
E8=3+5=8
E9=3+5=8

CL-37

2.19 CZY W DUŻYCH KLASTRACH GRUP GŁÓWNYCH ISTNIEJE DODATNI WSKAŹNIK OGRANICZAJĄCY?

Al14R6I62-

Ten aspekt był testowany w klastrach CL-38 i CL-39. Klaster Al14R6I62-: K(n) =28(14), Kp = C1C[M13], należy do grupy [M13] klastrów i jest jednoczęściowe. Jego analizę i graficzną strukturę izomeryczną przedstawiono w CL-38.

Sn15R6

Parametr K(n) klastra jest podany przez K=15[2]-3 =27;K(n)=27(15), S = 4n+6, Kp = C-2C[M17]. Klaster należy do grupy [M17] i ma ujemny wskaźnik ograniczenia. M17] jest grupą klastrów, które są powiązane z B17H172- klastrem nieznanym. Jego analiza z wykorzystaniem szeregów i izomerycznego klastra graficznego została przedstawiona w CL-39.

$Al_{14}R_6I_6^{2-}$: K =14[2.5]-3-3-1=28, K(n) =28(14), S=4n+0, K =2n+0, Kp =C^1C[M13]
Ve =4n+0 =4(14)+0 =56
Ve =8n-2K =8(14)-2(28) =56
Ve = 4+2x+2(n-1) =4+2(13)+2(14-1) = 56

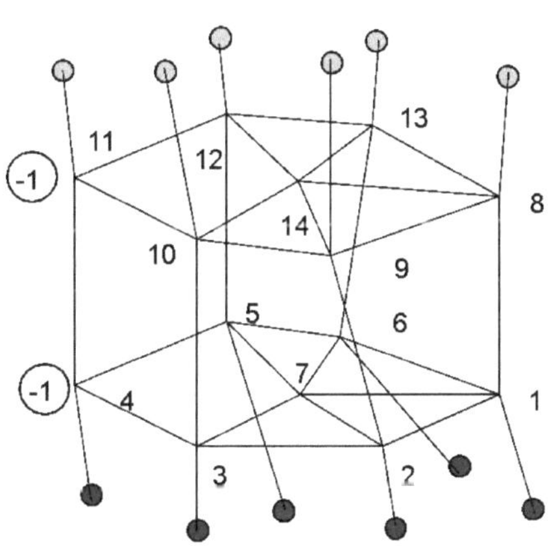

E1=3+4+1=8
E2=3+4+1=8
E3=3+4+1=8
E4=3+3+1+1=8
E5=3+4+1=8
E6=3+4+1=8
E7=3+5=8
E8=3+4+1=8
E9=3+4+1=8
E10=3+4+1=8
E11=3+3+1+1=8
E12=3+4+1=8
E13=3+4+1=8
E14=3+5=8
Each vertex(node) obeys 8 electron rule.

$Sn_{15}R_6$: K =15[2]-3 =27, K(n) =27(15), S=4n+6, K =2n-3, Kp = $C^{-2}C$[M17]
Ve = 4n+6 =4(15)+6 =66
Ve =8n-2K = 8(15)-2(27) = 66
Ve=4+2x+2(n-1) =4+2(17)+2(15-1) = 4+34+28=66

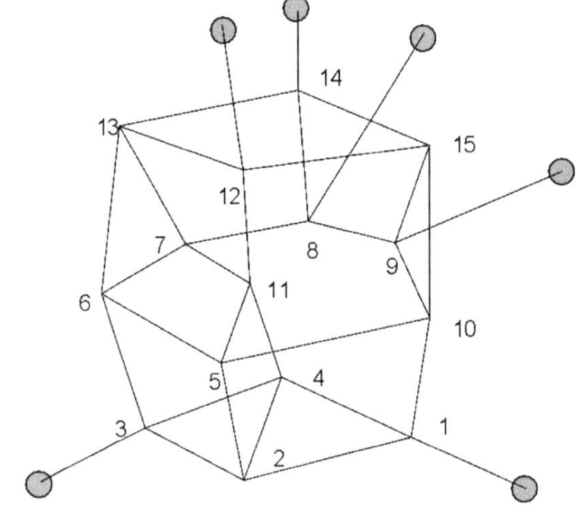

E1=4+3+1=8
E2=4+4=8
E3=4+3+1=8
E4=4+4=8
E5=4+4=8
E6=4+4=8
E7=4+4=8
E8=4+3+1=8
E9=4+3+1=8
E10=4+4=8
E11=4+4=8
E12=4+3+1=8
E13=4+4=8
E14=4+3+1=8
E15=4+4=8
Each node obeys the 8 electron rule.

Isomeric graphical structure of $Sn_{15}R_6$

2.20 TRANSFORMACJA STRUKTURALNA ZWIĄZANA Z REAKCJĄ REDOKS

Proszę rozważyć sprawę dotyczącą Ru(Bz)(BH)$^{92-}$⇆ Ru(Bz)(BH)$_9$ +2e; Bz=C6H6.

K(n)=19(10), S=4n+2, Kp = C0C[M10] ; K(n)= 20(10), S=4n+0, Kp=C1C[M9]

Porównaj z systemami klastrowymi;

B9H92- B9H9[=B9Cl9]+2e

K(n)=17(9), S=4n+2, Kp=C0C[M9]; K(n)= 18(9), S=4n+0, Kp=C1C[M8]

Au9L8+ Au9L83++2e

K(n) = 24(9), S= 4n-12, Kp=C7C[M2]; K(n) = 25(9), S=4n-14, Kp=C8C[M1]

W przypadku klastra rutenowego, utlenianie przez utratę 2 elektronów zwiększa wartość K o jeden. Przekłada się to na wzrost indeksu ograniczającego o 1 i jednoczesne obniżenie indeksu jądrowego o 1. Dlatego też geometria ta przechodzi od kwadratowego antypryzmatu o zamkniętym wierzchołku z zerowym wskaźnikiem zakończeń szeregowo do trójkąta trójkąta trygonalnego, który jest również mono-zamkniętym (szeregowo) dodekahedronem. System boranowy przechodzi od trójkąta zerowego (szeregowo) do trójkąta jednościennego (szeregowo) dodecahedronu. Z drugiej strony, złoty system przechodzi od klastra dwuszkieletowego jądra z 7-częściowymi złotymi elementami szkieletowymi, do jednoszkieletowego jądra z 8-częściowymi złotymi elementami szkieletowymi. Graficzne struktury izomeryczne klastrów rutenu przedstawiono w CL-40 i CL-41.

$Ru(Bz)(BH)_9^{2-}$: K =1[5-3]+9[2.5-0.5] -1=19, K(n) =19(10); S =4n+2, K =2n-1, Kp =C^0C[M10]
Ve =4n+2+1(10) =4(10)+2+10=52
Ve=8n-2K+10 = 8(10)-2(19)+10 = 52
Ve =4+2x+2(n-1)+10 = 4+2(10)+2(10-1)+10 =52

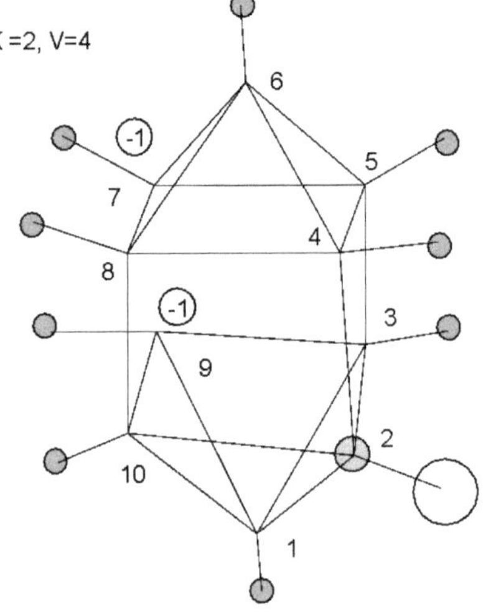

E1=3+4+1=8
E2=8+5+5=18
E3=3+4+1=8
E4=3+4+1=8
E5=3+4+1=8
E6=3+4+1=8
E7=3+3+1+1=8
E8=3+4+1=8
E9=3+3+1+1=8
E10=3+4+1=8
The node E2 obeys the 18 electron rule.
The rest obey the 8 electron rule.

isomeric graphical structure of $Ru(Bz)(BH)_9^{2-}$

CL-40

$Ru(Bz)(BH)_9$ K =1[5-3]+9[2.5-0.5] =20, K(n) =20(10); S =4n+0, K =2n+0, Kp =$C^1C[M9]$
Ve =4n+0+1(10) =4(10)+0+10=50
Ve=8n-2K+10 = 8(10)-2(20)+10 = 50
Ve =4+2x+2(n-1)+10 = 4+2(9)+2(10-1)+10 =50

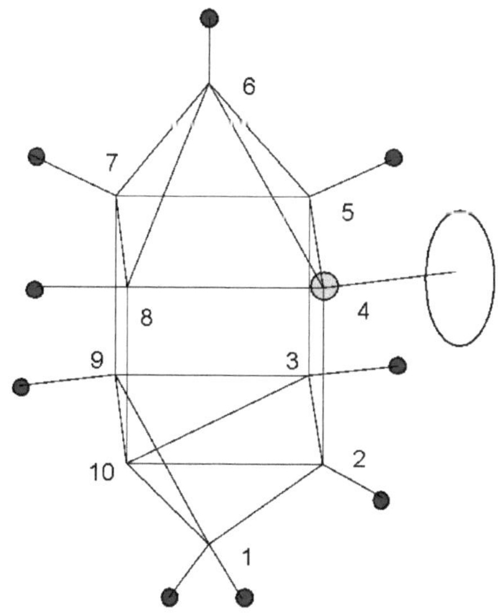

E1=3+3+2=8
E2=3+4+1=8
E3=3+4+1=8
E4=8+4+6=18
E5=3+4+1=8
E6=3+4+1=8
E7=3+4+1=8
E8=3+4+1=8
E9=3+4+1=8
E10=3+5=8

isomeric graphical structure of $Ru(Bz)(BH)_9$

CL-41

DYSTRYBUCJA LIGANDÓW I OPŁAT NA KLASTRACH

Jak wspomniano wcześniej, nagi element szkieletowy może być modyfikowany poprzez dodanie ligandu lub elektronu (redukcja) lub usunięcie elektronu (utlenianie). Dlatego też rozkład ligandów na elementy szkieletowe obejmuje zarówno ładunki (dodatnie), ujemne, zerowe (nie wskazane), jak i ligandy. Jeżeli rozkład został wykonany zgodnie ze stopniem poł±czenia (warto¶ć węzła), to generalnie każdy z głównych elementów grupy będzie przestrzegał reguły oktetowej, podczas gdy każdy z metali przejściowych będzie przestrzegał reguły 18 elektronów. Rozkłady ligandów i ładunków zostały wykonane dla klastrów CL-42 do CL-51. Zgodnie z prawem serii i walencją każdego elementu szkieletowego V=2K skonstruowano wszystkie izomeryczne wykresy szkieletowe przedstawione w CL-42 do CL-51. Większość zastosowanych elementów szkieletowych oraz ich walory przedstawiono w tabeli 13. Rozkład ligandów i ładunków zależy od stopnia połączenia każdego z węzłów (wierzchołka lub elementu szkieletowego) w izomerycznej strukturze graficznej.

T-13							
FRAGMENT	K	V=2K					
		3	4	5	6	7	8
In2-	2.5-1=1.5	3					
W-	2.5-0.5=2		4				
Na stronie	2.5			5			
Bi+	1.5+0.5=2		4				
Bi	1.5	3					
Pb	2		4				
Pb-	2-0.5=1.5	3					
P	1.5	3					
P+	1.5+0.5 =2		4				
Zn	3				6		
Zn-	3-0.5 =2.5			5			
Zn2-	3-1=2		4				

FRAGMENT	K	V=2K						
		3	4	5	6	7	8	9
Tl	2.5			5				
Tl-	2.5-0.5=2		4					
Tl2-	2.5-1=1.5	3						
Ge	2		4					
Ge-	2-0.5=1.5	3						
Sn	2		4					
Sn-	2-0.5=1.5	3						
Ni	4						8	
Rh	4.5							9
Rh(CO)	4.5-1=3.5					7		
$Rh(CO)_{1,5}$	4.5-1.5=3				6			
$Rh(CO)_2$	4.5-2=2.5			5				
$Rh(CO)_{2,5}$	4.5-2.5=2		4					
$Rh(CO)_3$	4.5-3=1.5	3						

P_5^+: K =5[1.5]+0.5=8, K(n)=8(5), S=4n+4,K=2n-2, Kp=C^{-1}C[M6]
Ve=4+2(6)+2(4)=24, VF=5[5]-1=24

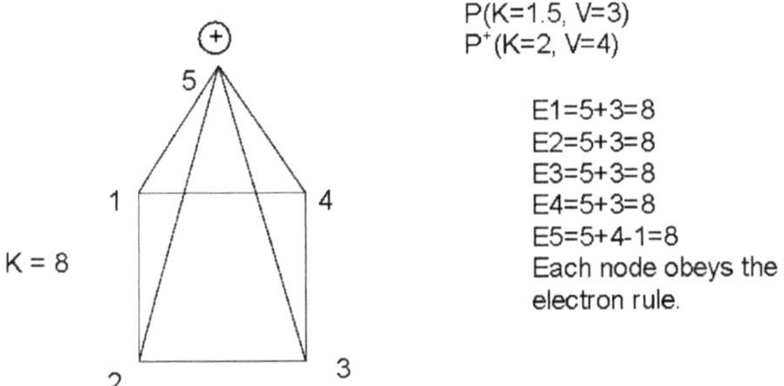

Isomeric graphical structure of P_5^+

The vertices have been labelled 1 to 5. The structures constructed according to series method are such that each line to a VERTEX behaves as a single electron donor. Let us consider the phosphorus skeletal element P1. The phosphorus has 5 valence electrons. There are 3 lines conected to it from the neighbouring P atoms P2, P4 and P5. Each of these 3 linkages donates 1 electron. Thus, each linkage acts as a single [H] electron donor ligand. Therefore the total number of electrons at P1 = 5+3 = 8. Hence P1 obeys the 8 electron rule..The vertices P2, P3 and P4 can be explained in the same way. We can also use skeletal numbers to test the octet rule as follows K1 = 1[1.5]-3(0.5) = 0. When K=0 for a skeletal element, it means it obeys the octet rule for main group element or 18 electron rule for a transition metal element. We can use skeletal numbers for P5 element, K =1[1.5]+1(0.5)-4(0.5) = o. Alternatively, the number of valence electrons at P5 = 5+4-1 = 8.

Bi_5^{3+}: K =5[1.5]+1.5=9, K(n) =9(5), S=4n+2, K =2n-1, Kp = $C^0C[M5]$
Ve=8n-2K=8(5)-2(9) =22, Ve=4n+2=4(5)+2 =22, Ve=4+2x+2(n-1)=4+2(5)+2(5-1)=22

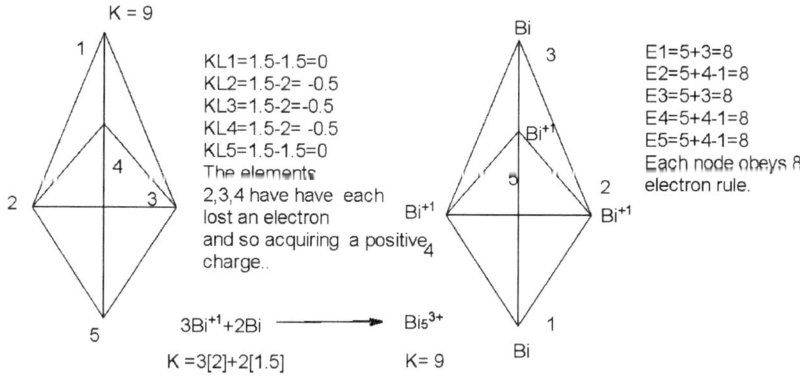

CL-43

Pb_5^{2-}: K =5[2]-1 =9, K(n) = 9(5), S =4n+2, K =2n-1, Kp =$C^0C[M5]$,
Ve=8n-2K =8(5)-2(9) = 40-18=22, Ve=4n+2=4(5)+2 =22, Ve=4+2x+2(n-1) =4+2(5)+2(5-1)
=4+10+8 =22

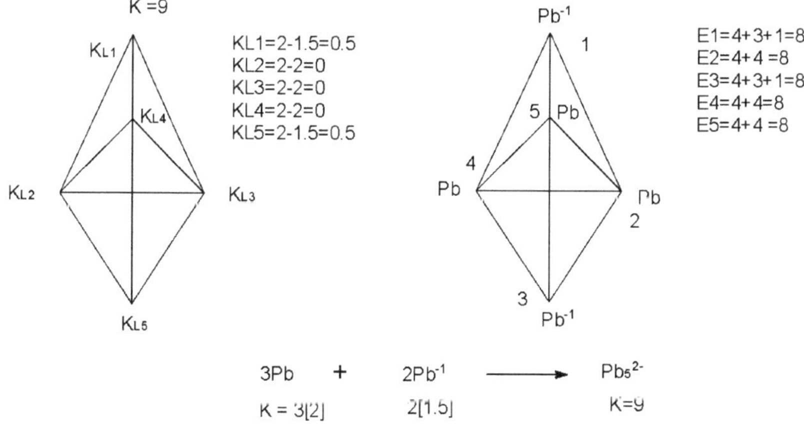

$3Pb + 2Pb^{-1} \longrightarrow Pb_5^{2-}$

K = 3[2] 2[1.5] K=9

CL-44

Bi_6^{2+}: K = 6[1.5]+1 = 10,K(n)=10(6), S =4n+4, K=2n-2, Kp= $C^{-1}C$[M7]
Ve=4+2(7)+2(5)=28,VF=6[5]-2=28

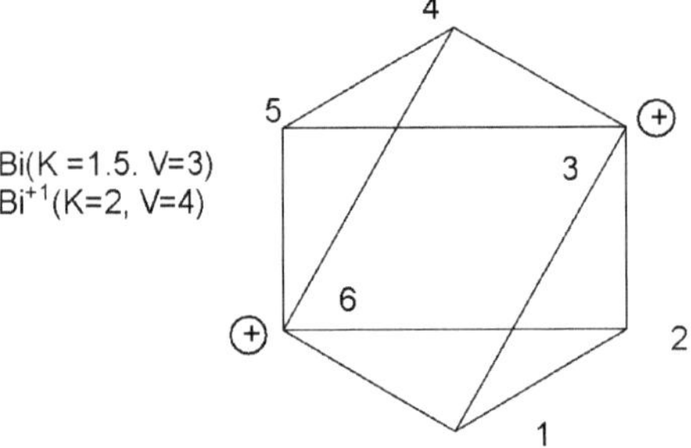

Bi(K =1.5. V=3)
Bi^{+1}(K=2, V=4)

E1=5+3=8
E2=5+3=8
E3=5+4-1=8
E4=5+3=8
E5=5+3=8
E6=5+4-1=8

Isomeric graphical structure of Bi_6^{2+}

CL-45

Tl_6^{6-}:K=6[2.5]-3=12, K(n)=12(6), S=4n+0, K=2n+0, Kp=C^1C[M5]
Ve=4+2(5)+2(5) = 24, VF=6[3]+6=24

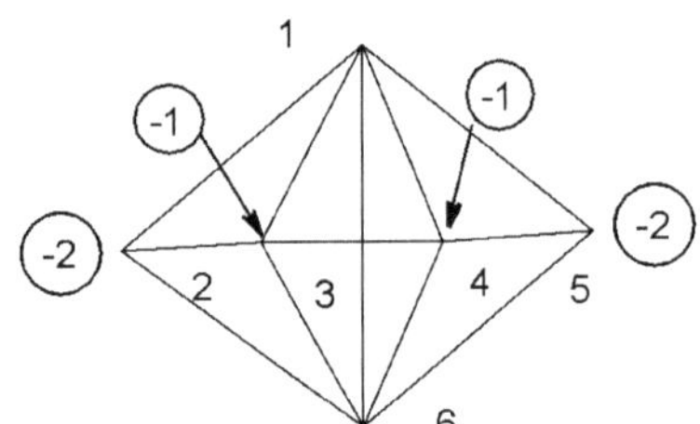

Tl(K=2.5,V=5)
Tl^{-1}(K=2, V=4)
Tl^{-2}(K=1.5, V=3)

E1=3+5=8
E2=3+3+2=8
E3=3+4+1=8
E4=3+4+1=8
E5=3+3+2=8
E6=3+5=8

Isomeric structural graph of Tl_6^{6-}

CL-46

Ge_8Zn^{6-}: K = 8[2]+1[3]-3 = 16, K(n) =16(9), S =4n+4, K =2n-2, Kp =C^{-1}C[M10]
Ve=4+2(10)+2(8)+10(1)=50, VF=8[4]+1[12]+6 = 50

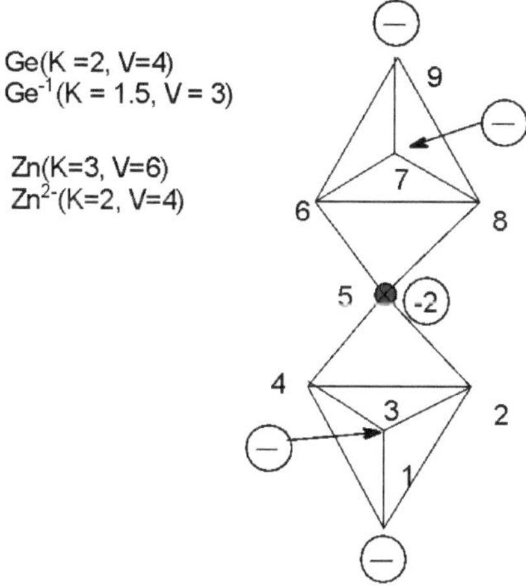

E1=4+3+1=8
E2=4+4=8
E3=4+3+1=8
E4=4+4=8
E5=12+4+2=18
E6=4+4=8
E7=4+3+1=8
E8=4+4=8
E9=4+3+1=8

Isomeric graphical structure of Ge_8Zn^{6-}

CL-47

$In_4Bi_5^{5-}$: K =4[2.5]+5[1.5]-2.5 = 15, K(n) =15(9), S =4n+6, K=2n-3, Kp =C^{-2}C[M11]
Ve =4+2(11)+2(8) = 42, VF =4[3]+5[5]+5 = 42

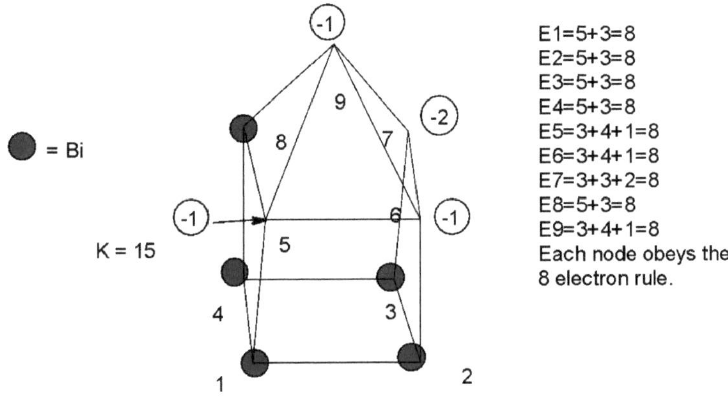

E1=5+3=8
E2=5+3=8
E3=5+3=8
E4=5+3=8
E5=3+4+1=8
E6=3+4+1=8
E7=3+3+2=8
E8=5+3=8
E9=3+4+1=8
Each node obeys the 8 electron rule.

Isomeric graphical structure of $In_4Bi_5^{5-}$

CL-48

$Ni_2Sn_{17}^{4-}$:K = 2[4]+17[2]-2=40, K(n) =40(19), S=4n-4, K =2n+2, Kp = C^3C[M16]
Ve =4+2(16)+2(18)+10(2) = 92, VF=2[10]+17[4]+4 =92

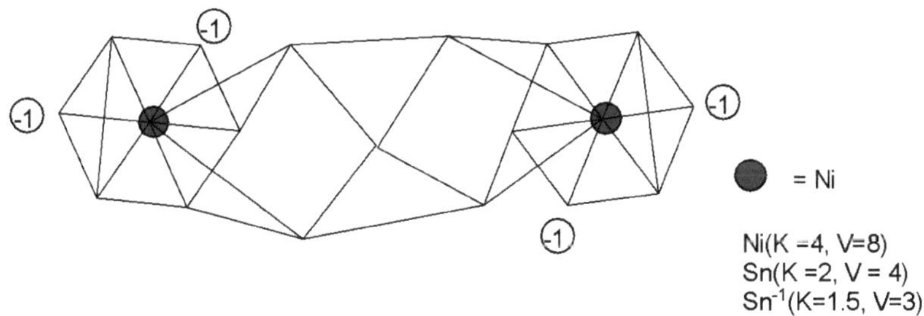

Isomeric graphical structure of $Ni_2Sn_{17}^{4-}$

Ge_{27}^{6-}: K =27[2]-3 =51, K(n) =51(27), S = 4n+6, K=2n-3, Kp =C^{-2}C[M29]
Ve =4+2(29)+2(26) = 114, VF=27[4]+6=114

Ge(K =2, V= 4)
Ge^{-1}(K = 1.5, V= 3)

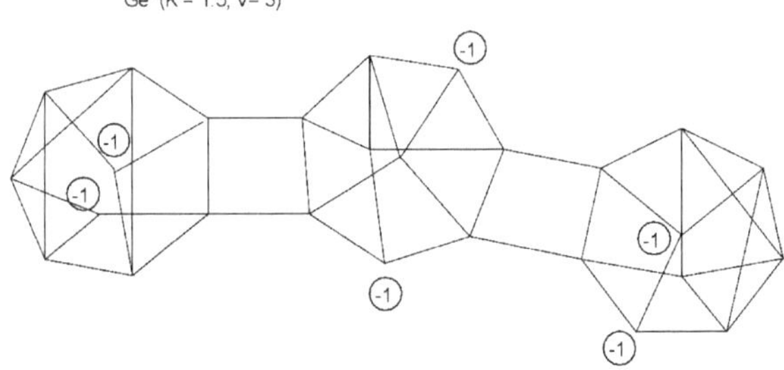

Isomeric graphical structure of Ge_{27}^{6-}

CL-50

DYSTRYBUCJE LIGANDÓW

$H_2Rh_{13}(CO)_{24}^{3-}$: K = 13[4.5]-1-24-1.5 = 32, K(n) =32(13), S=4n-12, K =2n+6, Kp =C^{7}C[M6]
Ve =14+2(6)+12(13-1) = 170, VF=170

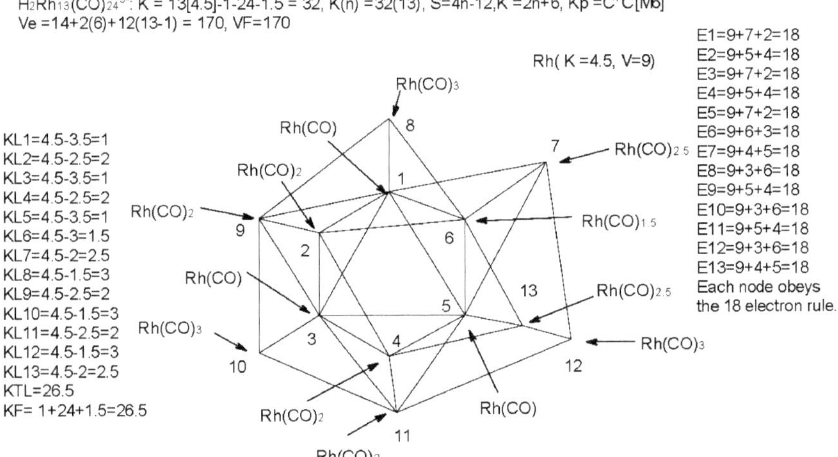

Isomeric skeletal graphical structure showing possible ligand distribution in $H_2Rh_{13}(CO)_{24}^{3-}$

CL-51

PODSUMOWANIE

Jeden lub więcej elementów szkieletowych (n) nagich lub zmodyfikowanych otoczonych przez swoje elektrony walencyjne klastra (Ve) generuje odpowiedni parametr K(N). Zmienne te są połączone fundamentalnie ważnym równaniem naturalnym Ve=18n-2K dla elementów przejściowych lub Ve=8n-2K dla głównych elementów grupy. Wartość K po prostu reprezentuje liczbę deficytowych par elektronów potrzebnych dla pierwiastka lub grupy pierwiastków, tak że każdy z nich spełnia 18 elektronową regułę dla pierwiastków przejściowych lub 8 elektronową regułę dla głównych pierwiastków grupy. Cząsteczki lub skupiska to po prostu agregat elementów szkieletowych nagich lub zmodyfikowanych lub ich mieszanka złożona zgodnie z prawem serii 4N i przestrzegająca prawa liczb szkieletowych i ich walorów. Stopień połączenia na wierzchołku zależy od tego, czy element na tym wierzchołku (węźle) jest nagi, czy zmodyfikowany. Jeśli element jest nagi, będzie w pełni wykorzystywał swoją wartość. Jeśli zostanie zmodyfikowany, będzie wywierał większy nacisk niż odpowiedni nagi, jeśli jest utleniony lub mniejszy, jeśli jest zredukowany lub posiada jeden lub więcej ligandów. Graficzną strukturę izomeryczną dwóch lub więcej elementów szkieletowych połączonych ze sobą można szkicować zgodnie z serią 4N oraz prawem numerów szkieletowych i ich walencją. Gdy zostanie osiągnięta dobroć dopasowania K i n, wtedy każdy z elementów szkieletowych będzie normalnie spełniał regułę 18 elektronów dla metali przejściowych lub regułę 8 elektronów dla głównych elementów grupy. Ponadto formuła klastra może być łatwo wydedukowana ze szkicu graficznej struktury izomerycznej. Zasadniczo liczby szkieletowe mogą być wykorzystywane do kategoryzacji wszystkich głównych grup i metali przejściowych oraz ich fragmentów, molekuł i skupisk, a także do przewidywania kształtu struktury szkieletowej i jej rozkładu ligandów.

REFERENCJE

Balaban, A. T .(1985). Zastosowania teorii grafu w chemii. J. Chem. Inf. Obliczenie. Sci., 25, 334-343.

Draghicescu, M.(2017). Ogólna metoda budowy modeli topologicznych Polyhedry. Konferencja Bridges, 175-182.

Fehlner, T. P., & Halet, J. F. (2007). Molecular Clusters, Cambridge University Press, Wielka Brytania

Fox, M.A., Wade, K. (2003). Ewoluujące wzorce w chemii klastrów boru. Pure & Appl. Chem., 75(9*), 1315-1323.*

Hoffmann, R., Lipscomb, W.N.(1962). Teoria Molekuł Wielokatedralnych. Fizyczna faktoryzacja świeckich równań. J. Chem. Phy.,36(8),2179-2189.

Hoffmann, R. (1982). Budowanie mostów pomiędzy chemią nieorganiczną i organiczną. *Gniew. Chem. Int. Ed. Anglik, 21*, 711-724.

Housecroft, C.E., Sharpe, A. G., (2005). *Chemia nieorganiczna,* ^{2nd} *Ed.* Pearson, Prentice Hall, Harlow, Anglia.

Hu, G., Wang, Z., Qui, W-Y.(2013). Ankieta modeli matematycznych dla DNA Polyhedra. Match Commun. Matematyka. Obliczenia. Chem. ,70,725-742.

Islam, N.N. (2016). Struktury Boranu oparte na Topologii Molekularnej Gęstości Elektronów. Teza magisterska . Uniwersytet Stanowy w Middle Tennesse.

Jensen, W. B. (1978). Zasady liczenia elektronów orbitalnych i topologia klejenia. De Educacion Quimica, 3, 210-222.

Kiremire, E.M.R. (2016a). Hipotetyczny model tworzenia klastrów karbonylowych z metali przejściowych oparty na numerach szkieletowych serii 4n. Int. J. Chem., *8(4),* 78-110.

Kiremire, E. M. R. (2016b). Zastosowanie metody serii 4n do kategoryzacji metaloborowarów. *Int. J. Chem., 8*(3), 62-73.

Kiremire, E. M. R. (2016c). Elementy Grupy Głównej, Fragmenty, Związki i Klastry przestrzegają zasady 4n i serii Form 4n: Są oni bliskimi krewnymi Transition Metal Counterparts przez 14n Linkage. Int. J. Chem., *8(2),* 94-109.

Kiremire, E. M. R. (2016d). Niezwykłe podziemne klastry karbonylowe z palladu. Int. J. Chem., *8(1)*, 145-158.

Kiremire, E.M.R. (2017a). Sześć niemych praw klastrów chemicznych. Am. J. Chem., 7(2), 21-47.

Kiremire, E.M.R. (2017b). Wybitne zastosowania numerów szkieletowych w klastrach chemicznych. Int. J. Chem., *9(3),* 28-48.

Kiremire, E.M.R. Kiremire (2017c). Numeryczna kategoryzacja fragmentów chemicznych, molekuł i klastrów przy użyciu liczb szkieletowych i drzew jądrowych. Am. J. Chem., *7(3),* 73-96.

Kiremire, E.M.R. (2018a). Graficzna teoria serii chemicznych i szeroka kategoryzacja klastrów. Int. J. Chem., *10(1),* 17-80.

Kiremire, E.M.R. (2018b). Graficzna teoria zakrywania złotych klastrów. Int. J. Chem., *10(1),*87-130.

Kiremire, E.M.R. (2018c). Elektrony walencyjne klastra (VE) są naturalnymi liczbami klastrów generowanymi przez parametry K(N): VE i K(N) są ze sobą powiązane. Int. J. Chem., *10(1),* 15-52.

Lipscomb, W. N., (1963). *Boron Hydrides*. W. A. Bejamin, Inc., Nowy Jork

Lipscomb, W. N., (1976). Boranowie i ich krewni. Chemia, 224-245.

Rudolph, R. W. (1976). Borany i heteroboryty: paradygmat dla elektronicznych wymagań klastrów? *Acc. Chem. Res., 9(12)*, 446-452.

Sevov, S.C., Goicoechea, J.M.(2006). Chemia jonów Deltahedral Zintl. Organomet, 25, 5678-5692.

Scharfe, S., Fässler, T. F.(2010). Wielościenne dziewięcioatomowe skupiska elementów tetrelowych i międzymetaloidowych drobnoustrojów. Phil. Trans., R. Soc. A, *368*, 1265-1284.

Scharfe, S., Kraus, Schier, A.(2011). Jony cyny, związki klatkowe i klaster międzymetaloidowy z grupy 14 i 15 pierwiastków. Gniew. Chem., *50(16)*, 3630-3670.

Shen, Y-F, Xu, C., Cheng, L-J.(2017). Odszyfrowujące wiązanie chemiczne w BnHn2-; elastyczne, wieloośrodkowe wiązanie. RSC Adv., *7*, 36755-36764.

Tolman, C.A. (1972). Reguła 16 i 18 elektronów w chemii organometalicznej i jednorodnej katalityce. *Chem. Soc. Rev.*, 337-353.

Tsoo, C-C., Jin, B-Y.(2017). Bridges Conference Proceedings, 483-486.

Vejanine, G. V. i Hoffman, R. (1998). Magiczne liczniki elektronów dla sieci skondensowanych klastrów: Vertex Sharing Aluminium Octahedra, *120*, 4200-4208.

Walia, D. J. (2005). Elektroniczna struktura klastrów. Encyclopedia of Inorganic Chemistry, Edited , King, R..B. , John Wiley & Sons Ltd., Chichester, 3, *1506-1525*.

INSIDE OUT CAPPING CLUSTERS: SERIA MATRYOSZEK

ABSTRACT

Klastry Matryoshka zostały po raz pierwszy przeanalizowane i skategoryzowane za pomocą liczb szkieletowych. Okazało się, że przedstawiają one unikalny sposób zamykania, ponieważ elementy jądrowe zajmują zewnętrzną warstwę, a to, co miało być elementem zamykającym na zewnątrz, zajmuje miejsce jądra. Stąd też należą one do nowego typu serii klastrów. Zidentyfikowano różne rodzaje klastrów ograniczających. Izomeryczne struktury graficzne klastrów mogą być konstruowane zgodnie z regułą łączności serii. Wygląda na to, że elementy o dużych liczbach szkieletowych mają tendencję do wchodzenia do wnętrza i formowania się w kształt sześcianu. Metoda serii 4N jest użytecznym, hipotetycznym modelem do analizy i kategoryzacji klastrów grupy głównej i metali przejściowych.

Słowa kluczowe: Matryoszka, ograniczenie wewnętrzne, łączność, klastry, klastry klatkowe, ikozedry, jony Zintl'a, teoria grafu, reguła 8 elektronowa, reguła 18 elektronowa

1. WPROWADZENIE

Klastry Matryoszka od początku tego wieku przyciągają dużą uwagę naukowców (Mojżesz i inni, 2003; Król&Zhao, 2006; Stegmaier&Fässler, 2011) ze względu na swoją unikalną strukturę. Rozszerzenie prac badawczych nad jonami Zintl (Esenturk i in., 2006) zaowocowało odkryciem klastrów Matryoshka, które zostały również opisane jako superatomy wymagające specjalnego traktowania wiązań (Huang i in., 2014). Ostatnie odkrycie prostej metody serii 4N, która okazała się przydatna w kategoryzacji klastrów takich jak borany, karbony metali przejściowych i metaloborowce, zostało z powodzeniem zastosowane do analizy i kategoryzacji jonów Zintl (Kiremire,2016a). Dalsza analiza metody serii 4N doprowadziła do odkrycia liczb szkieletowych, które znacznie uprościły analizę klastrów (Kiremire,2016b;2017a,b;2018a,b). Wykorzystanie liczb szkieletowych zostało również rozszerzone o analizę i kategoryzację klastrów jonowych Zintl (Kiremire, 2018c). W artykule po raz pierwszy przedstawiono analizę i kategoryzację klastrów Matryoshka.

2. WYNIKI I DYSKUSJA

2.1 Jądro wewnątrz elementów zamykających

Klastry B9H92- i B10H102- należą do zamkniętej rodziny klastrów, a ich kształty są opisane jako trójkątnicowy pryzmat trygonalny i dwukątnicowy kwadratowy antypryzmat (Housecroft i Sharp, 2005). Jednakże, zgodnie z podejściem do serii 4N, klastry te po prostu należą do serii closo, S =4n+2, a nie do serii ograniczającej S=4n+q, gdzie q≤0 **(Kiremire, 2018a).** Tak więc koncepcja ograniczenia oparta na metodzie 4N i wyrażona w symbolu {Kp=CyC[Mx](y+x=n, n=liczba elementów szkieletowych),y→wskaźnik ograniczenia, x→wskaźnik jądrowości} jest matematycznie precyzyjna (Kiremire,2017a). Zastosowanie metody szeregowej do klasyfikacji klastrów Zintl i Matryoshka w niniejszej pracy ujawniło istnienie 3 szerokich typów klastrów ograniczających (x≥1),y>≥1). Koncepcja ta jest zilustrowana następującymi przykładami.

Złoty przykład, Au9L83+:Kp=C8C[M1]; oznacza to, że klaster posiada jądro jednego elementu szkieletowego, które jest otoczone przez 8 elementów zamykających. Taką przepowiednię stwierdzono (Mingos, 1984; Konishi, 2014). Szczegóły analizy podane są w CL1. Podobny przykład znajduje się w Pt6Ni38(CO)486-; Kp=C38C[M6]. Przepowiednia w tym przypadku jest taka, że klaster z ośmiościennym jądrem elementów szkieletowych otoczony jest 38 innymi elementami szkieletowymi. Nie tylko jest to prawdą, ale co ciekawe, wszystkie elementy klastra jądrowego składają się z platyny (Rossi&Zanello,2011). Szczegóły analizy klastra zostały zilustrowane w CL-2. Inne przykłady wykryte przez serie (Kiremire,2018a; Felner&Halet,2007) obejmują Rh13H3(CO)242-' Kp=C7C[M6]; Rh6L6H122+,Kp=C5C[M1]; Au8L8Cl22+, Kp=C5C[M3]i Pd30(CO)26L10, Kp=C25C[M5]. Innym dobrym przykładem są klastry, CL-3:Re6Se8I64-,Kp=C9C[M5]; w tym przypadku seria przewiduje 9 ograniczających elementów szkieletowych, ale raportowanych jest 8 ograniczających elementów szkieletowych z selenu. Ponieważ 4Nseries jest po prostu teoretyczną metodą, wynik ten jest dobry i **wystarczająco bliski (Fehlner i Halet, 2007).** Do tej kategorii możemy zaliczyć niektóre klastry Zintl skategoryzowane metodą szeregową, takie jakCL-7: PtPb122-:Kp =C2C[M11];CL-8:Pd2Ge184-, Kp=C3C[M17] i CL-9: NiIn1010-;Kp=C3C[M8]. Klaster,CL-10: Sn1212-, Kp=C-5C[M17] pomimo ujemnego wskaźnika ograniczenia należy do tej samej grupy klastrów [M17] co CL-8:Pd2Ge184-, która ma dodatni wskaźnik ograniczenia. Jeśli chodzi o elementy szkieletowe, możemy po prostu powiedzieć, że Sn1212-, Kp=C-5C[M17] brakuje 5 ograniczających elementów szkieletowych do osiągnięcia stanu zamknięcia, [M17], natomiast Pd2Ge184-, Kp=C3C[M17] ma 3 ograniczające elementy po osiągnięciu stanu zamknięcia, [M17]. Możemy to łatwo zweryfikować za pomocą serii [M17] K(n).

[M17] należy do serii closo. Stąd S=4n+2, K=2n-1=2(17)-1=33, K(n)=33(17), Kp = C0C[M17].

K(n) =33(17)[C0]→36(18) [C1]→39(19)[C2] →42(20)[C3] idące w górę szeregowo.

K(n) =33(17)[C0]→30(16)[C-1] →27(15)[C-2] →24(14)[$^{C-3}$] →21(13)[C-4] →18(12)[C-5] w dół.

2.2 Związek pomiędzy zestawem elementów szkieletu jądrowego [Mx] a elementami ograniczającymi Cy

Ten typ klastrów jest rzadki i jednym z nich jest N2(AuL)$^{62+}$: Kp=C4C[M4], którego struktura jest analizowana i przedstawiona w CL-10. Te dwa pierwiastki azotu działają jak most łączący oba zestawy.

2.3 Ograniczenie kanapki

Jest to sytuacja, w której elementy okładzinowe same się kanaptują wokół elementów szkieletu jądrowego. Również ten przypadek jest rzadki. Dobrym przykładem jest VGe8As43-;Kp= C2C[M11]. Piaskowane elementy zamykające mogą być postrzegane jako V i jeden z elementów arsenowych.

2.4. Odwrócenie pozycji: Wewnątrz klastrów Out-Matryoshka

Klaster Matryoszka może być reprezentowany przez prosty wzór A21B12, gdzie A(K=2) i B(K=3). To połączenie daje wartość K(n) równą 78(33). Jednak każda odpowiednia kombinacja A i B, która daje sumę n=33 i K=78 może stworzyć klaster Matryoshka na podstawie serii.Parametr K(n) klastra jest podany przez K(n)=78(33), S=4n-24, Kp=C13C[M20]. Zgodnie ze zwykłą interpretacją oznacza to, że klaster posiada 20 elementów szkieletowych w jądrze, a 13 z pozostałych 33 to elementy okrążające jądro. To, co obserwuje się w tych klastrach Matryoszka, to ciekawe zjawisko, w którym 13 elementów szkieletowych zamykających wchodzi w strukturę klatki 20 elementów szkieletowych i wykonuje zamknięcie od wewnątrz klatki. Ponadto 13 elementów szkieletowych tworzy dobrze znaną geometrię ikozedryczną z jednym z elementów zamykającym w środku klatki. Wewnętrzny klaster 13 elementów szkieletowych zachowuje się jak klaster B12H122 z elementem śródmiąższowym w jądrze. Wydaje się, że elementy o dużych wartościach K, a tym samym o większych walencjach szkieletowych, są bardziej odpowiednie do osadzania się wewnątrz klatki, aby mogła ona łatwo łączyć się z sąsiednimi elementami szkieletowymi. To właśnie zaobserwowano w wybranych klastrach Matryoshka i przedstawiono na szkicach CL-14: As21Ni123-;CL-15:Sn21Mg12;CL-16:Mn12Au21123-;CL-17:Pb21Cu1212- i CL-18:Sn21Mn1260-. Szczegóły analizy i kategoryzacji klastrów podane są wraz ze wskazanymi izomerycznymi strukturami graficznymi.

2.5 Projektowanie Hipotetycznych Klastrów Matryonika z wykorzystaniem serii

Ze świadomością, że klaster Matryoshka ma formułę ogólną A21B12, gdzie A ma wartość K 2, a B wartość K 3 lub ich odpowiedniki. Przy pomocy metody szeregów i odpowiednich liczb szkieletowych do wygenerowania K(n)=78(33),S=4n-24, K=2n+12, Kp=C13C[M20] można zaproponować hipotetyczne formuły przykładów elementów szkieletowych, które mogłyby przedstawiać struktury Motryoshki. Są one podane w tabeli 1. W tabeli znajdują się znane klastry Matrtoshka As21Ni123- i **Sn21Cu1212-**(Huang i in. 2014).

$Au_9L_8^{3+}$:K=9[3.5]-8+1.5=25
K(n)=25(9)
S=4n-14
K=2n+7
Kp=C^8C[M1]
Ve=14n-14=14(9)-14=112
Ve=18n-2K=18(9)-2(25)=112
Ve=14+2x+12(n-1)=14+2(1)+12(9-1)=112
VF=9(11)+8(2)-3=112
The capping formula indicates there is one skeletal element in the nucleus which is capped by 8 remaining skeletal elements.

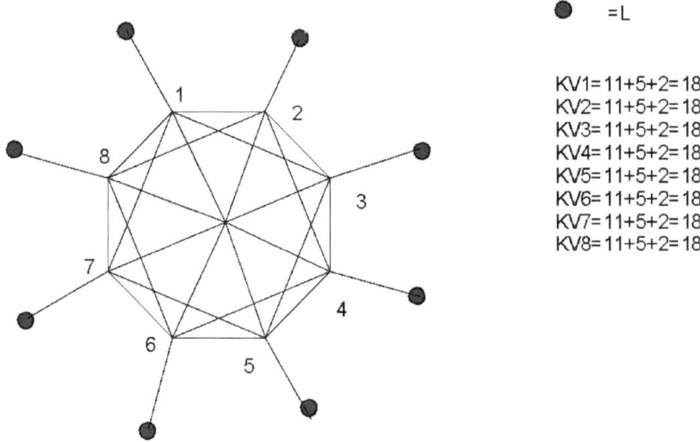

Isomeric graphical structure of $Au_9L_8^{3+}$

$Pt_6Ni_{38}(CO)_{48}^{6-}$ K =6[4]+38[4]-48-3=125, K(n)=125(44), S=4n-74, K =2n+37, Kp =$C^{38}C$[M6]
This means the cluster has an octahedral nucleus.
Ve =14n-74=14(44)-74=542
Ve=18n-2K =18(44)-2(125)=542
Ve=14+2x+12(n-1)=14+2(6)+12(44-1)=542
Ve=6[10]+38[10]+48(2)+6=542

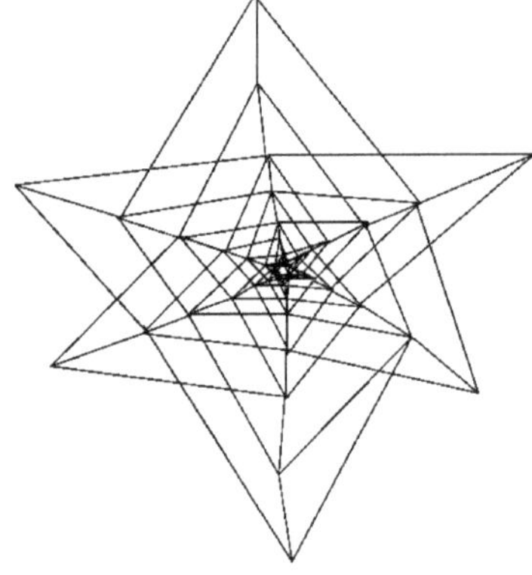

$Re_6Se_8I_6^{4-}$: K=6[5.6]+8[1]-3-2=36
K(n)=36(14)
S=14n-16
K=2n+8
Kp=C^9C[M5]
Ve=4n-16+6[10]=4[14]-16+60=100
Ve=8n-2K+60 =8[14]-2[36]+60=100
Ve=4+2x+2[n-1]+60=4+2[5]+2[14-1]+60=100
VF=6[7]+8[6]+6+4=100

=Re
=S

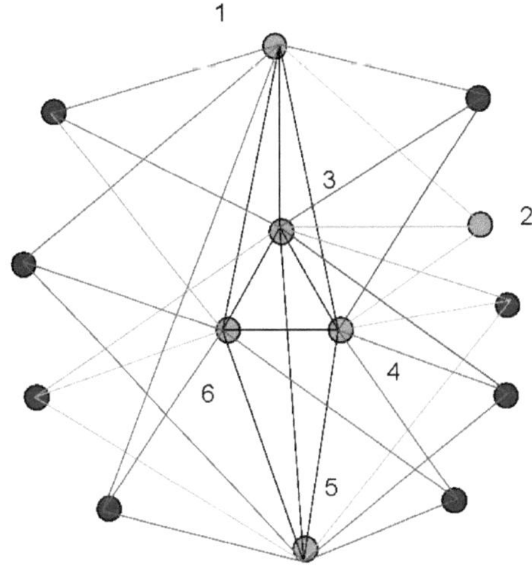

Isomeric graphical structure of $Re_6Se_8I_6^{4-}$

Sn_{12}^{12-} K=12[2]-6=18, K(n)=18(12), S=4n+12, K=2n-6, Kp=C^{-5}C[M17]
Ve =4n+12=4(12)+12=60
Ve=8n-2K =8(12)-2(18) =60
Ve=4+2x+2(n-1)=4+2(17)+2(12-1) =4+34+22=60
VF=12[4]+12=60

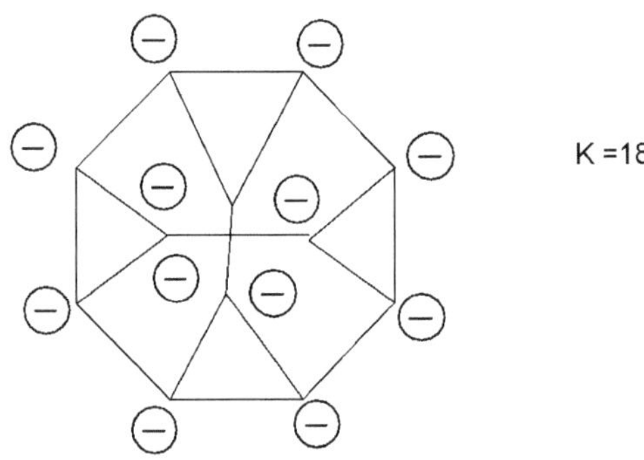

K =18

Isomeric graphical structure of Sn_{12}^{12-}

$Li_2Sn_8^{4-}$: K=2[3.5]+8[2]-2=21(10), S=4n-2, K=2n+1, Kp=C^2C[M8]
Ve =4n-2 =4(10)-2=38
Ve=8n-2K =8(10)-2(21)=38
Ve=4+2x+2(n-1) =4+2(8)+2(10-1) =4+16+18=38

Li, K=3.5, V=7; Li^{2-}, K =3.5-1=2.5, V=5
Sn, K=2, V=4

ACCORDING TO SERIES APPROACH, EACH LINETO A VERTEX IS REGARDED AS AN ELECTRON DONOR TO THAT VERTEX.

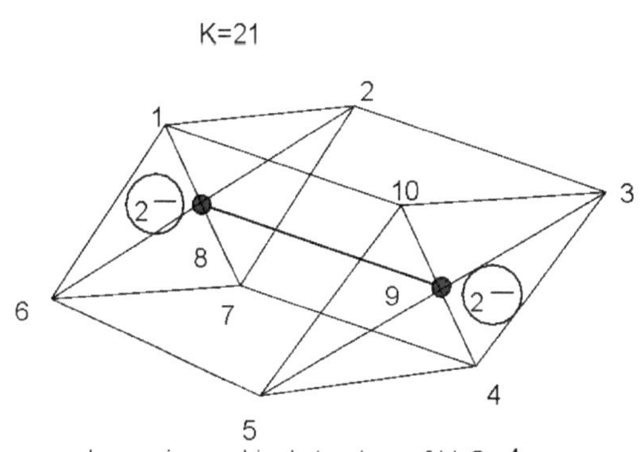

KV1=4+4=8
KV2=4+4=8
KV3=4+4=8
KV4=4+4=8
KV5=4+4=8
KV6=4+4=8
KV7=4+4=8
KV8=1+5+2=8
KV9=1+5+2=8
KV10=4+4=8
EACH ELEMENT OBEYS THE 8 ELECTRON RULE.

Isomeric graphical structure of $Li_2Sn_8^{4-}$

Sn_8^{6-}: K =8[2]-3=13, K(n) =13(8), S =4n+6, K=2n-3, Kp =C^{-2}C[M10]
Ve=4n+6=4(8)+6 =38
Ve=8n-2K =8(8)-2(13) =38
Ve=4+2x+2(n-1)=4+2(10)+2(8-1) =4+20+14 =38
VF=8[4]+6=38

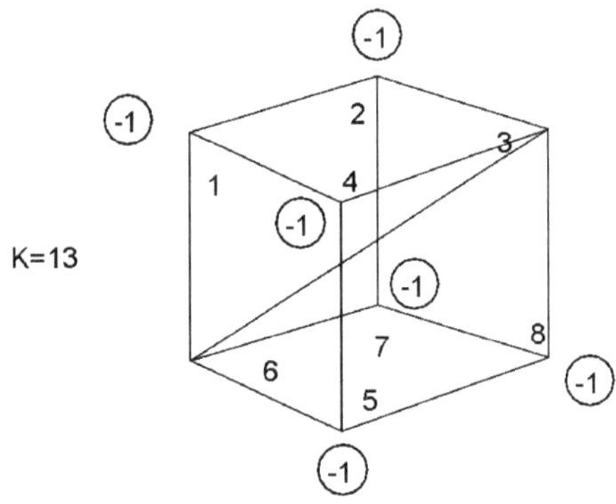

KV1=4+3+1=8
KV2=4+3+1=8
KV3=4+4=8
KV4=4+3+1=8
KV5=4+3+1=8
KV6=4+4=8
KV7=4+3+1=8
KV8=4+3+1=8
Each vertex obeys the 8 electron rule.

Isomeric graphical structure of Sn_8^{6-}

$PtPb_{12}^{2-}$: K =1[4]+12[2]-1=27(13), S=4n-2, K=2n+1, Kp=C^2C[M11]
Ve=4n-2+1[10] = 4(13)-2+10=60
Ve=8n-2K+1[10]= =8(13)-2(27)+10 =60
Ve=4+2x+2(n-1)+10 =4+2(11)+2(13-1)+10 =4+22+24+10=60

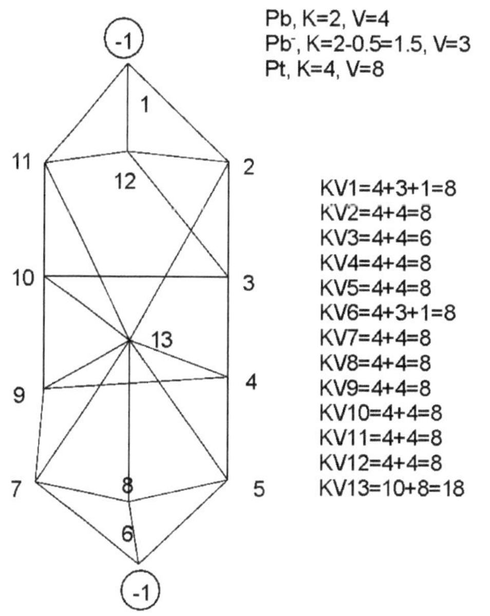

Isomeric graphical structure of $PtPb_{12}^{2-}$

$Pd_2Ge_{18}^{4-}$: K=2[4]+18(2)-2=42, K=42(20), S=4n-4,K=2n+2, $Kp=C^3C[M17]$

Ve=4n-4+2[10] =4(20)-4+20 = 96

Ve=8n-2k+20= 8(20)-2(42)+20 =96

Ve=4+2x+2(n-1)=4+2(17)+2(20-1)+20= 96

Ge, K =2, V=4

Ge^-, K =2-0.5 = 1.5, V =3

Pd, K =4, V=8

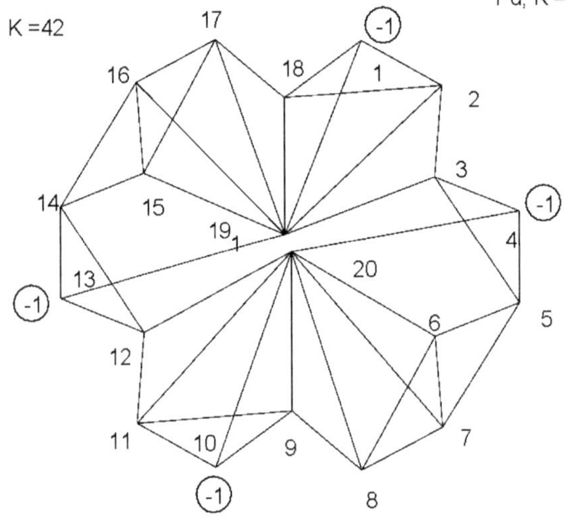

KV1=4+3+1=8
KV2=4+4=8
KV3=4+4=8
KV4=4+3+1=8
KV5=4+4=8
KV6=4+4=8
KV7=4+4=8
KV8=4+4=8
KV9=4+4=8
KV10=4+3+1=8
KV11=4+4=8
KV12=4+4=8
KV13=4+3+1=8
KV14=4+4=8
KV15=4+4=8
KV16=4+4=8
KV17=4+4=8
KV18=4+4=8
KV19=10+8=18
KV19=10+8=18

Isomeric graphical structure of $Pd_2Ge_{18}^{4-}$

$NiIn_{10}^{10-}$: K =1[4]+10[2.5]-5=24, K(n) =24(11), S=4n-4, K =2n+2, Kp=C^3C[M8]
Ve=4n-4+1[10] =4(11)-4+10=50
Ve=8n-2K=8(11)-2(24)+10= 50
Ve=4+2x+2(n-1)+10 =4+2(8)+2(11-1)+10= 4+16+20+10=50
VF=1[10]+10[3]+10=50

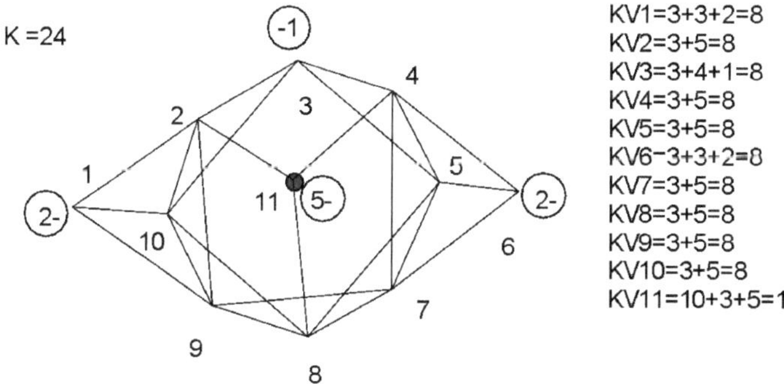

Isomeric graphical structure of $Ni(I)_{10}^{10-}$

$N_2(AuL)_6^{2+}$: K= 2[1.5]+6[3.5-1]+1 =19, K(n)=19(8), S=4n-6, K=2n+3, Kp= $C^4C[M4]$
Ve=4n-6+6[10] =4(8)-6+60 =86
Ve=8n-2K+60=8(8)-2(19)+60= 86
Ve=4+2x+2(n-1)+60=4+2(4)+2(8-1)+60=86
VF=2[5]+6[11+2)--2= 86

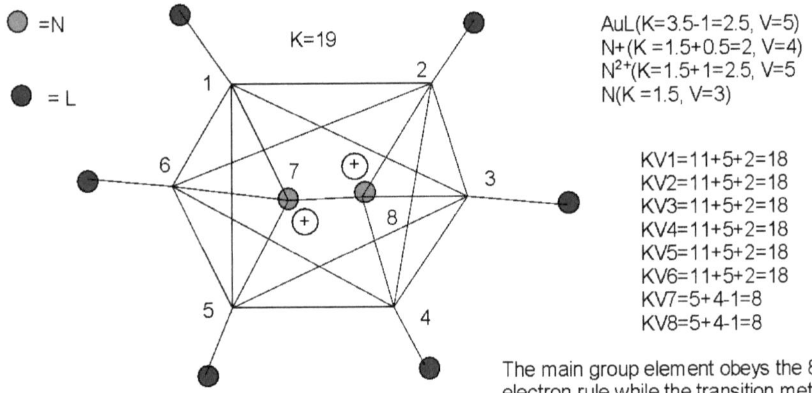

The main group element obeys the 8 electron rule while the transition metal element obeys the 18 electron rule.

Isomeric graphical structure of $N_2(AuL)_6^{2+}$

(V)$Ge_8As_4^{3-}$: K=1[6.5]+8[2]+4[1.5]-1.5=27, K(n)=27(13), S=4n-2, K=2n+1, Kp=C^2C[M11]

The cluster is a member of bi-capped series. .

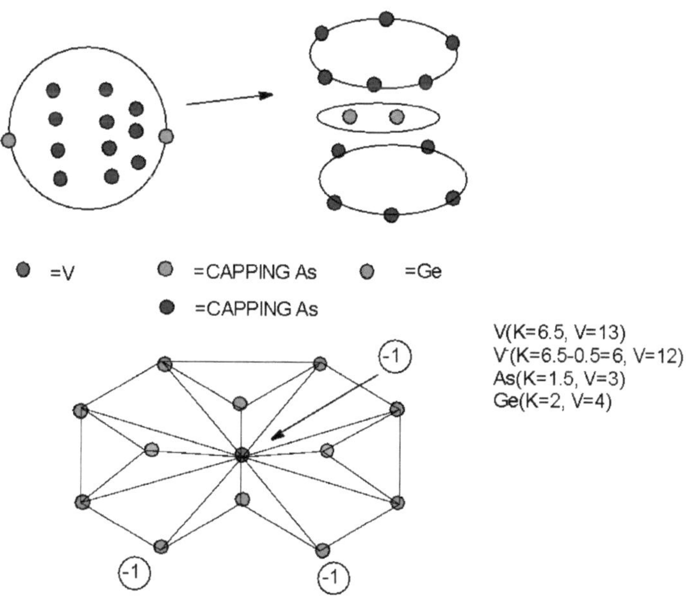

Isomeric graphical structure of $VGe_8As_4^{3-}$

$As_{21}Ni_{12}^{3-}$ $K = 21[1.5]+12[4]-1.5 = 78$, $K(n) = 78(33)$, $S = 4n-24$, $K = 2n+12$, $Kp=C^{13}C[M20]$
$Ve=4n-24+12[10]= 4(33)-24+120=228$
$Ve=8n-2K+120=8(33)-2(78)+120=228$
$Ve=4+2x+2(n-1)+120=4+2(20)+2(32)+10(12) = 228,$
$VF=21[5]+12[10]+3 =228$

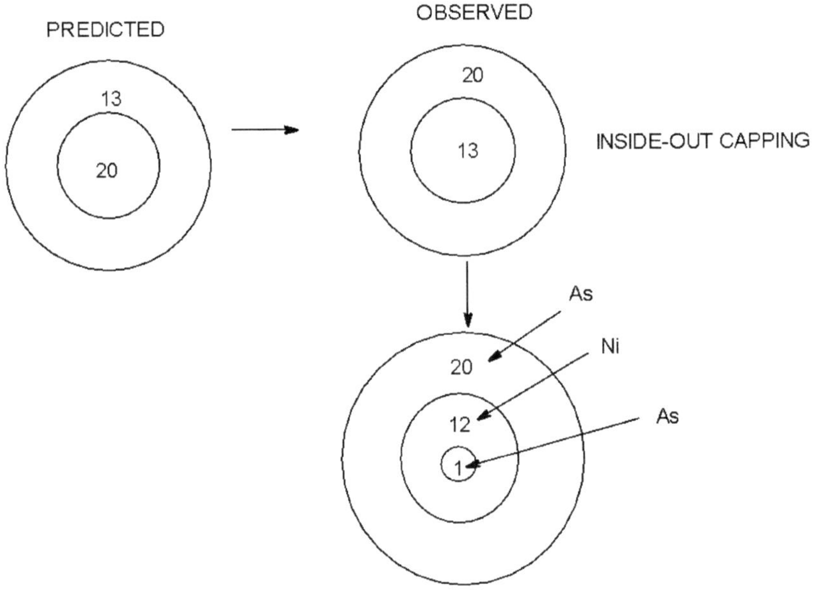

A visual representation of the layers of $As_{21}Ni_{12}^{3-}$

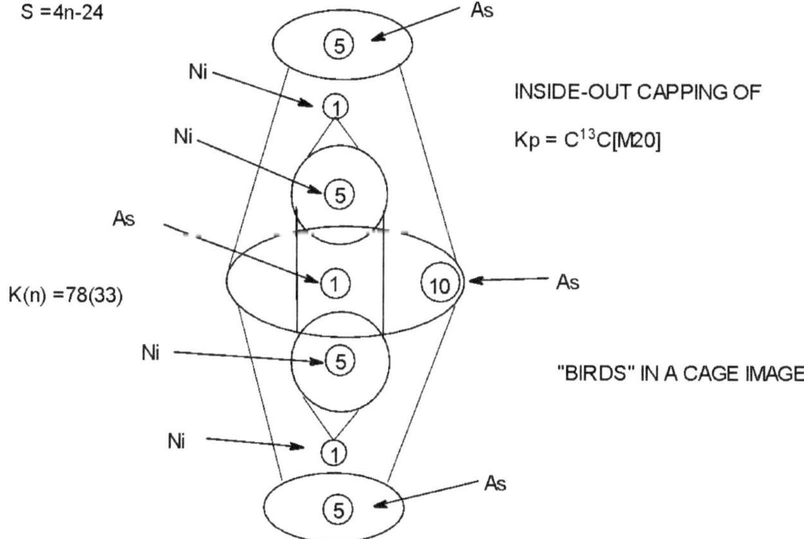

Schematic representation of a Matryoshka chemical cluster $As_{21}Ni_{12}^{3-}$

$As_{21}Ni_{12}^{3-}$:K=78, K(n) =78(33), Kp= $C^{13}C$[M20]

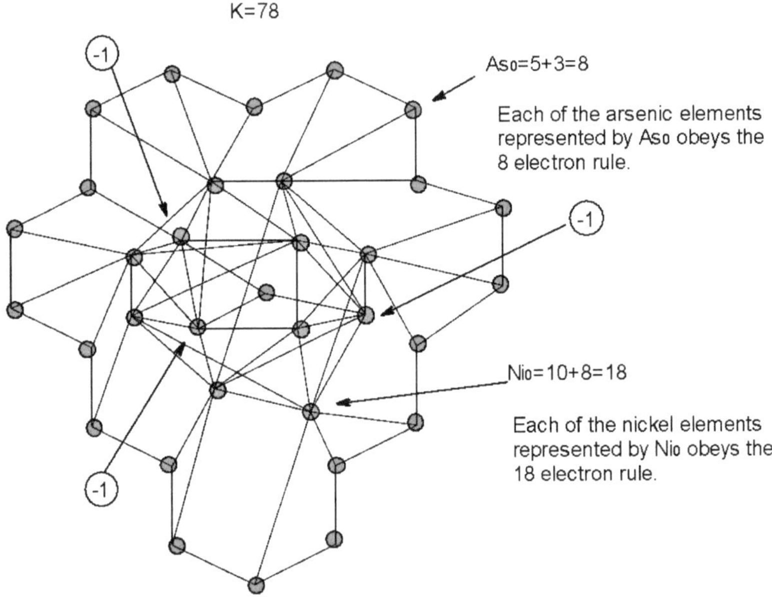

Isomeric graphical representation of $As_{21}Ni_{12}^{3-}$

Sn21Cu1212-

K =21[2]+12[3.5]-6 =78

K(n)=78(33)

S =4n-24, K=2n+12,

Kp = C13C[M20]

Symbol capping mówi nam, że istnieją dwa zestawy elementów szkieletowych: jądro 20 i zestaw capping 13. W odróżnieniu od wielu klastrów capping, zamiast normalnego capping na zewnątrz, tutaj capping działa jak jądro.

Ve=4n-24+12[10]=228

VF=21[4]+12[11]+12=228

Ve=4+2(20)+2(32)+10(12)=228, VF=21[4]+12[11]+12 =228

Sn21Mg12

K =21[2]+12[3] =78

K(n) =78(33)

S =4n-24

K=2n+12

Kp = C13C[M20]

Symbol zamknięcia przewiduje gromadę Matryoszki.

Ve=4+2(20)+2(32)=108

VF=21[4]+12[2]=108

$Sn_{21}Mg_{12}$: K=21[2]+12[3] =78, K(n) =78(33), S=4n-24, K=2n+12, Kp=C^{13}C[M20]
Ve =4n-24 =4(33)-24=108, VF=21[4]+12[2]=108

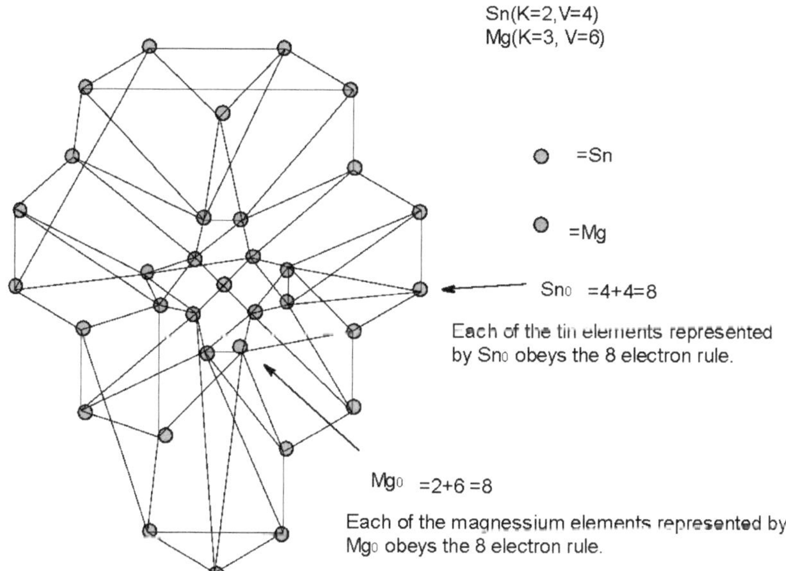

Isomeric graphical structure of $Mg_{12}Sn_{21}$

Mn13Au12-

K =13[5.5]+12[3.5]-0.5 =113,

K(n)=113(25)

S =4n-126

K =2n+63

Kp=C64C[M-39]

Ve=14+2(-39)+12(24)=224

VF=13[7]+12[11]+1 =224

Symbol zamknięcia nie jest zgodny z konstrukcją Matryoszki.

Mn12Au21-123

K=12[5.5]+21[3.5]-61.5=78

K(n) =78(33)

S =4n-24

K=2n+12

Kp = C13C[M20]

Symbol ograniczenia przewiduje skupisko Matryoszki.

Ve=14+2(20)+12(32)=438

VF=12[7]+21[11]+123=438

$Mn_{12}Au_{21}^{123-}$:K=12[5.5]+21[3.5]-61.5=78, K(n)=78(33), S=4n-24, K=2n+12, Kp=C[13]C[M20]
Ve=14n-24=14(33)-24=438
VF=12[7]+21[11]+123=438

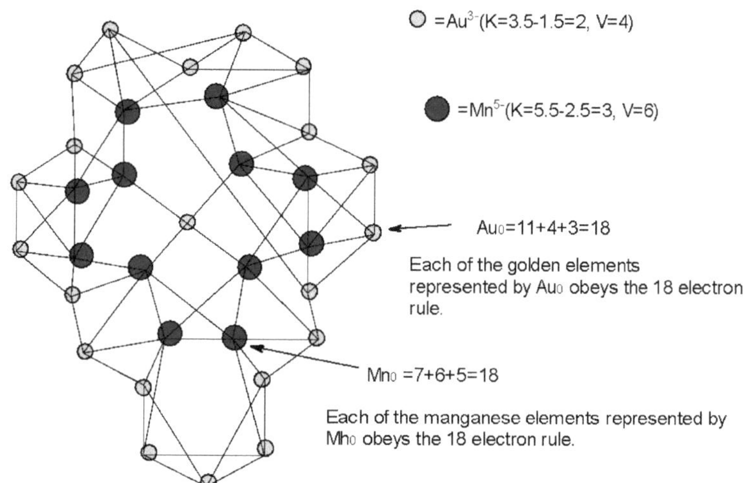

Isomeric graphical structure of $Mn_{12}Au_{21}^{123-}$

Pb21Mn12

K=21[2]+12[5.5] =108

K(n) =108(33)

S = 4n-84

K=2n+42

Kp = C43C[M-10]

Ve=4+2(-10)+2(32)+10(12)=168

VF=21[4]+12[7] = 168

Symbol zamknięcia nie jest zgodny z konstrukcją Matryoszki.

Sn21Cu1212-

K =21[2]+12[3.5]-6 =78

K(n)=78(33)

S =4n-24

K=2n+12

Kp =C13C[M20]

Symbol ograniczenia przewiduje klaster Matryoszka

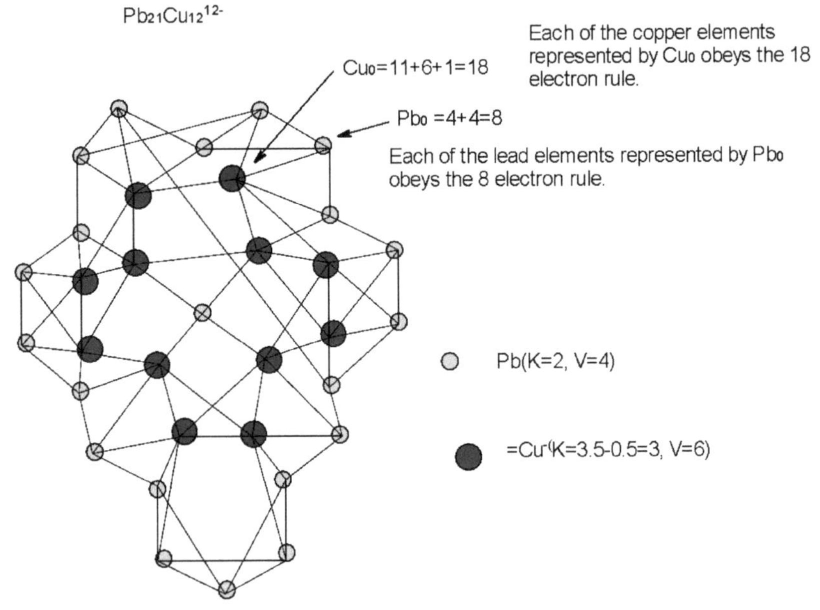

Isomeric graphical structure of $Pb_{21}Cu_{12}^{12-}$

Sn21Mn12: K=21[2]+12[5.5]=108, K(n) = 108(33), S = 4n-84, K=2n+42, Kp =C43C[M-10]

Sn21Mn1260-: K=21[2]+12[5.5]-30=78, K(n) = 78(33), S = 4n-24, K=2n+12, Kp =C13C[M20]

Ve=4n-24+12[10]=4(33)-24+120=228

VF=21[4]+12[7]+60–228

$Sn_{21}Mn_{12}^{60-}$

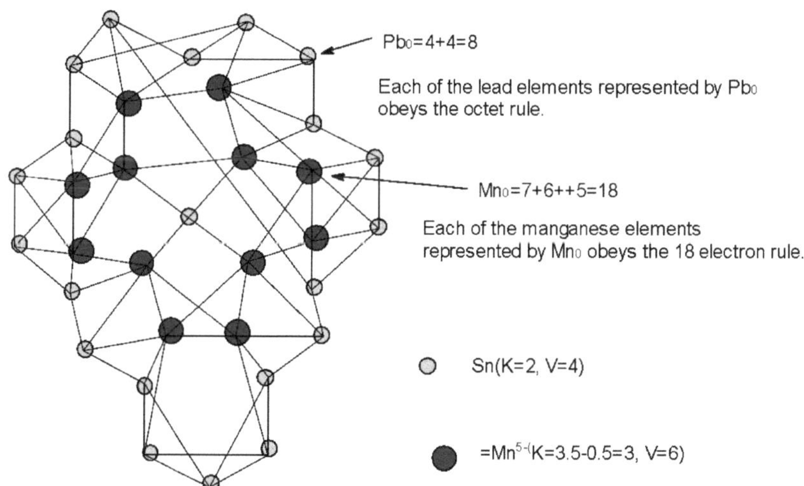

Isomeric graphical structure of $Sn_{21}Mn_{12}^{60-}$

B12A21		K(n)	S =4n+q	K= 2n - ½ q	Kp=CyC[Mx]	Ve* = a+b +c+ d
	K=78	78 (33)	4n - 24	2n +12	C13C[M20]	
$(Sc^{9-})_{12}Sn_{21}$	Sc12Sn2110 8-	78 (33)	4n - 24	2n +12	C13C[M20]	228

(Ti8-)$_{12Sn21}$	Ti12Sn21 $^{96-}$	78 (33)	4n-24	2n+12	C13C[M20]	228
(V7-)$_{12Sn21}$	V12Sn2184-	78 (33)	4n-24	2n+12	C13C[M20]	228
(Cr6-)$_{12}$(As+)$_{21}$	Cr12As2151-	78 (33)	4n-24	2n+12	C13C[M20]	228
(Mn5-)$_{12}$(As+)$_{21}$	Mn12As2139-	78 (33)	4n-24	2n+12	C13C[M20]	228
(Ni2-)$_{12}$(As+)$_{21}$	Ni12As213-	78 (33)	4n-24	2n+12	C13C[M20]	228
(Co3-)$_{12}$(As+)$_{21}$	Co12As2115-	78 (33)	4n-24	2n+12	C13C[M20]	228
(Cu-)$_{12}$(Sn)$_{21}$	Cu12Sn2112-	78 (33)	4n-24	2n+12	C13C[M20]	228
(Zn)$_{12}$(Sn)$_{21}$	Zn12Sn21	78 (33)	4n-24	2n+12	C13C[M20]	228
(Mg)$_{12}$(Sn)$_{21}$	Mg12Sn21	78 (33)	4n-24	2n+12	C13C[M20]	108
(Cu-)$_{12}$(Sb+)$_{21}$	Cu12Sb219+	78 (33)	4n-24	2n+12	C13C[M20]	228

$(Zn)_{12}(Bi+)_{21}$	Zn12B i2121+	78 (3 3)	4n - 24	2n +1 2	C13C[M20]	228
$(Hg\ )_{12}(Pb)_{21}$	Hg12P b21	78 (3 3)	4n - 24	2n +1 2	C13C[M20]	228
$(Ca)_{12}(Si\ _{21}$	Ca12S i21	78 (3 3)	4n - 24	2n +1 2	C13C[M20]	108
$(Li-)_{12}(Se2+)_{21}$	Li12Se 2130+	78 (3 3)	4n - 24	2n +1 2	C13C[M20]	108
$(Ni2-)_{12}(Te2+)_{21}$	Ni12T e2118 +	78 (3 3)	4n - 24	2n +1 2	C13C[M20]	228
$(Fe4-)_{12}(Ge)_{21}$	Fe12G e2148-	78 (3 3)	4n - 24	2n +1 2	C13C[M20]	228
$(Hg\ )_{12}(Te2+)_{21}$	Hg12T e2142 +	78 (3 3)	4n - 24	2n +1 2	C13C[M20]	228
$(Cd)_{12}(P+)_{21}$	Cd12P 2121+	78 (3 3)	4n - 24	2n +1 2	C13C[M20]	228
$(Co3-)_{12}(Te2+)_{21}$	Co12T e216+	78 (3 3)	4n - 24	2n +1 2	C13C[M20]	228

*a = 4(grupa główna), 14(metal przejściowy; b= 2x(x= wskaźnik ograniczenia), c= 2(n-1), grupa główna, 12(n-1) metal przejściowy,

d = termin dostosowania metalu w razie potrzeby.

Przykład: Ve = 4+2(20)+2(32)+10(12)=228

K=2: C, Si, Ge, Sn, Pb, N^+, P^+,As^+, Sb^+,Bi^+,S^{2+},Se^{2+},Te^{2+}

K=3: Sc^{9-}, V^{7-}, Cr^{6-}, Ti^{8-}, Mn^{5-}, Fe^{4-}, Co^{3-}, Ni^{2-}, Cu^-, Zn, Cd, Hg, Mg, Ca, Li^-

3. WNIOSKI

Klastry Matryoshka należą do nowego typu serii klastrów, w których zjawiska ograniczające występują na zewnątrz. Ponadto tworzą one unikalny typ jądra, które ma symetrię dwudziestościanu, który również ma jądro. Zostały one przedstawione za pomocą symbolu A@B12@A20 na podstawie układu konstrukcyjnego. Klastry te przestrzegają również prawa liczb szkieletowych i ich walorów. Wprowadzono prostą graficzną reprezentację ich struktur. Gdy wykres jest poprawnie skonstruowany, każdy z głównych elementów grupy przestrzega reguły 8 elektronowej, podczas gdy w przypadku metali przejściowych przestrzega reguły 18 elektronowej.

DODATKI

ZAŁĄCZNIK-1

Szkielet k Wartości głównych elementów grupy kapitałowej								
Grupa	Ve	Seria, S =4n+q	K = 2n-q/2					
1	1	4n-3	3.5	Li	Na	K	Rb	Cs
2	2	4n-2	3	Być	Mg	Ca	Sr	Ba
3	3	4n-1	2.5	B	Al	Ga	Na stronie	Tl
4	4	4n+0	2	C	Si	Ge	Sn	Pb
5	5	4n+1	1.5	N	P	Jak	Sb	Bi
6	6	4n+2	1	O	S	Se	Te	Po
7	7	4n+3	0.5	F	Cl	Br	I	Na stronie
8	8	4n+4	0	Ne	Ar	Kr	Xe	Rn

ZAŁĄCZNIK-2

Szkielet K Wartości metali przejściowych					
3d-TM*	4d -TM*	Ve	5d-TM*	Seria, S = 4n+q	K =2n-q/2
Sc	Y	3	La	4n-11	7.5
Ti	Zr	4	Hf	4n-10	7
V	Nb	5	Ta	4n-9	6.5
Cr	Mo	6	W	4n-8	6
Mn	Tc	7	Re	4n-7	5.5
Fe	Ru	8	Os	4n-6	5
Co	Rh	9	Ir	4n-5	4.5
Ni	Pd	10	Pt	4n-4	4
Cu	Ag	11	Au	4n-3	3.5
Zn	Cd	12	Hg	4n-2	3

REFERENCJE

1. Esenturk, E.N., Fettinger, J., Eichhorn, B.(2006). Seria Pb122- i Pb102- jony Zintl oraz seria klastrów M@Pb122- i MPb102- gdzie M=Ni,Pd,Pt. J. Am. Chem. Soc., 128, 9178-9186.

2. Fehlner, T.P. i Halet, J-F, (2007). Molecular Clusters, Cambridge University Press, Wielka Brytania.

3. Housecroft, C.E., Sharpe, A. G., (2005). *Chemia nieorganiczna,* *2nd Ed.* , Pearson, Prentice Hall, Harlow, Anglia

4. King, R.B., Zhao, J.(2006). Wyodrębniona matryoszka gnieżdżąca lalki w kształcie sześcianu As@Ni12@As203-, jako superatom: analogia do galaretki Al13- generowanej w fazie gazowej przez odparowanie laserowe. Chem. Comm., 4204-4205.

5. Kiremire, E.M.R. (2016a). Klasyfikacja klastrów jonowych Zintl Ion przy użyciu podejścia serii 4n. Orient. J. Chem., 32(4), 1731-1738.

6. Kiremire, E.M.R.(2016b). Hipotetyczny model tworzenia klastrów karbonylowych z metali przejściowych oparty na numerach szkieletowych serii 4n. Int. J. Chem., *8(4),*78-110.

7. Kiremire, E.M.R.(2017a). Sześć niemych praw klastrów chemicznych. Am. J. Chem., 7(2), 21-47.

8. Kiremire, E.M.R.(2017b). Wybitne zastosowania numerów szkieletowych w klastrach chemicznych. Int. J. Chem., *9(3),*28-48.

9. Kiremire, E.M.R.(2018a). Graficzna teoria serii chemicznych i szeroka kategoryzacja klastrów. Int. J. Chem., *10(1),*17-80.

10. Kiremire, E.M.R.(2018b). Graficzna teoria zakrywania złotych klastrów. Int. J. Chem. , *10(1),*87-130.

11. Kiremire, E.M.R.(2018c). Prosta teoria graficzna jonów Zintl i innych skupisk wywodzi się z liczb szkieletowych i ich walencji. Zgłoszony do publikacji, Inter. J. Chem.

12. Konishi, K.(2014). Skoordynowane fosforowe klastry czysto-zimne i unikalne właściwości optyczne /odpowiedzi. *Structure and Bonding*, *161*, 49-86.

13. Mingos, D. M. P.(1984). Złoty Klaster: Czy to materiały w miniaturze? *Gold Bull.* ,*17*(1), 5-12.

14. Moses, M.J., Fettinger, J.C., Eichhorn, B.W. (2003). Przenikające się As20 Fullerine i Ni12 Icosahedra w Onion-Skin: As@Ni12@As203-. Nauka, *300,* 778-780.

15. Rossi, F., Zanello, P.(2011). Zbiornik elektronów Aktywność klastrów karbonylowych z metalami przejściowymi o wysokiej atomowości. *Portugaliae Electrochimica Acta, 29(5)*, 309-327.

16. Stegmaier, S., Fässler, T. F.(2011). Brązowa Matryoszka: The Discrete Intermetalloid Cluster, Sn@Cu12@Sn2012- in the Ternary phases A12Cu12Sn21;A=(Na, K).J. Am. Chem. Soc. *133*, 19758-19768.

yes

I want morebooks!

Buy your books fast and straightforward online - at one of world's fastest growing online book stores! Environmentally sound due to Print-on-Demand technologies.

Buy your books online at
www.morebooks.shop

Kaufen Sie Ihre Bücher schnell und unkompliziert online – auf einer der am schnellsten wachsenden Buchhandelsplattformen weltweit! Dank Print-On-Demand umwelt- und ressourcenschonend produzi ert.

Bücher schneller online kaufen
www.morebooks.shop

KS OmniScriptum Publishing
Brivibas gatve 197
LV-1039 Riga, Latvia
Telefax: +371 686 204 55

info@omniscriptum.com
www.omniscriptum.com

Printed by Books on Demand GmbH, Norderstedt / Germany